KB039448

수학 좀 한다면

디딤돌 연산은 수학이다 1A

펴낸날 [초판 1쇄] 2023년 11월 20일 [초판 2쇄] 2024년 6월 14일
펴낸이 이기열
펴낸곳 (주)디딤돌 교육
주소 (03972) 서울특별시 마포구 월드컵북로 122 청원선와이즈타워
대표전화 02-3142-9000
구입문의 02-322-8451
내용문의 02-323-9166
팩시밀리 02-338-3231
홈페이지 www.didimdol.co.kr
등록번호 제10-718호
구입한 후에는 철회되지 않으며 잘못 인쇄된 책은 바꾸어 드립니다.
이 책에 실린 모든 삽화 및 편집 형태에 대한 저작권은
(주)디딤돌 교육에 있으므로 무단으로 복사 복제할 수 없습니다.
Copyright ⓒ Didimdol Co. [2453110]

1 손으로 푸는 100문제**보다** 머리로 푸는 10문제**가** 수학 실력이 된다.

계산 방법만 익히는 연산은 '계산력'은 기를 수 있어도 '수학 실력'으로 이어지지 못합니다.
계산에 원리와 방법이 있는 것처럼 계산에는 저마다의 성질이 있고 계산과 계산 사이의 관계가 있습니다.
또한 아이들은 계산을 활용해 볼 수 있어야 하고 계산을 통해 수 감각을 기를 수 있어야 합니다.
이렇듯 계산의 단면이 아닌 입체적인 계산 훈련이 가능하도록 하나의 연산을 다양한 각도에서
생각해 볼 수 있는 문제들을 수학적 설계 근거를 바탕으로 구성하였습니다.

지금까지의 연산

기존의 연산학습 방식은 가로셈,
세로셈의 반복학습 중심이었기 때문에
계산력을 기르기에 지나지 않았습니다.
연산학습이 수학 실력으로 이어지려면
가로셈, 세로셈을 포함한
**전후 단계의 체계적인 문제들로
학습**해야 합니다.

기존 연산책의 학습 범위

| 1일차 | 세로셈 |
| 2일차 | 가로셈 |

디딤돌 연산

수학적 의미에 따른 연산의 분류

❶ 연산의 원리 수학적 의미에 따라 연산을 크게 4가지로
❷ 연산의 성질 분류하여 문항을 설계하였습니다.
❸ 연산의 활용 입체적인 문제 구성으로 계산 훈련만으로도
❹ 연산의 감각 수학의 개념과 법칙을 이해할 수 있습니다.

곱셈의 원리
✖**01** 수를 갈라서 계산하기

곱셈의 원리
✖**02** 자리별로 계산하기

곱셈의 원리
✖**03** 세로셈

곱셈의 원리
✖**04** 가로셈

곱셈의 성질
✖**05** 묶어서 곱하기

곱셈의 감각
✖**09** 크기 어림하기

5학년 A

혼합 계산이 원리	수의 원리	덧셈과 뺄셈의 원리
혼합 계산의 성질	수의 성질	덧셈과 뺄셈의 성질
혼합 계산의 활용	수의 활용	덧셈과 뺄셈의 감각
혼합 계산의 감각	수의 감각	

1 덧셈과 뺄셈의 혼합 계산
2 곱셈과 나눗셈의 혼합 계산
3 덧셈, 뺄셈, 곱셈(나눗셈)의 혼합 계산
4 덧셈, 뺄셈, 곱셈, 나눗셈의 혼합 계산
5 약수와 배수
6 공약수와 최대공약수
7 공배수와 최소공배수
8 약분
9 통분
10 분모가 다른 진분수의 덧셈
11 분모가 다른 진분수의 뺄셈
12 분모가 다른 대분수의 덧셈
13 분모가 다른 대분수의 뺄셈

5학년 B

곱셈의 원리
곱셈의 성질
곱셈의 활용
곱셈의 감각

1 분수와 자연수의 곱셈
2 단위분수의 곱셈
3 진분수, 가분수의 곱셈
4 대분수의 곱셈
5 분수와 소수
6 소수와 자연수의 곱셈
7 소수의 곱셈

6학년 A

나눗셈의 원리	비와 비율의 원리
나눗셈의 성질	
나눗셈의 활용	
나눗셈의 감각	

1 (자연수)÷(자연수)를 분수로 나타내기
2 (분수)÷(자연수)
3 (대분수)÷(자연수)
4 분수, 자연수의 곱셈과 나눗셈
5 (소수)÷(자연수)
6 (자연수)÷(자연수)를 소수로 나타내기
7 비와 비율

6학년 B

나눗셈의 원리	혼합 계산의 원리	비와 비율의 원리
나눗셈의 성질	혼합 계산의 성질	비와 비율의 성질
나눗셈의 활용	혼합 계산의 감각	비와 비율의 활용
나눗셈의 감각		

1 분모가 같은 진분수끼리의 나눗셈
2 분모가 다른 진분수끼리의 나눗셈
3 (자연수)÷(분수)
4 대분수의 나눗셈
5 분수의 혼합 계산
6 나누어떨어지는 소수의 나눗셈
7 나머지가 있는 소수의 나눗셈
8 소수의 혼합 계산
9 간단한 자연수의 비로 나타내기
10 비례식
11 비례배분

2 사칙연산이 아니라 수학이 담긴 연산을 해야 초·중·고 수학이 잡힌다.

수학은 초등, 중등, 고등까지 하나로 연결되어 있는 과목이기 때문에 초등에서의 개념 형성이
중고등 학습에도 영향을 주게 됩니다.
초등에서 배우는 개념은 가볍게 여기기 쉽지만 중고등 과정에서의 중요한 개념과 연결되므로
그것의 수학적 의미를 짚어줄 수 있는 연산 학습이 반드시 필요합니다.
또한 중고등 과정에서 배우는 수학의 법칙들을 초등 눈높이에서부터 경험하게 하여
전체 수학 학습의 중심을 잡아줄 수 있어야 합니다.

초등: 자리별로 계산하기

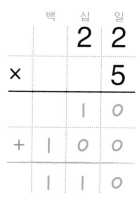

중등: 동류항끼리 계산하기

다항식: $2x-3y+5$
동류항의 계산: $2a+3b-a+2b=a+5b$

고등: 동류항끼리 계산하기

복소수의 사칙계산

실수 a, b, c, d에 대하여
$(a+bi)+(c+di)=(a+c)+(b+d)i$
$(a+bi)-(c+di)=(a-c)+(b-d)i$

초등: 곱하여 더해 보기

$$10 \times 2 = 20$$
$$3 \times 2 = 6$$
$$13 \times 2 = 26$$

$(10+3) \times 2 = 10 \times 2 + 3 \times 2$

중등: 분배법칙

곱셈의 분배법칙

$a \times (b+c) = a \times b + a \times c$

다항식의 곱셈

다항식 a, b, c, d에 대하여
$(a+b) \times (c+d) = a \times c + a \times d + b \times c + b \times d$

다항식의 인수분해

다항식 m, a, b에 대하여
$ma + mb = m(a+b)$

연산의 원리	연산의 성질	연산의 활용	연산의 감각
계산 원리 계산 방법 자릿값 사칙연산의 의미 덧셈과 곱셈의 관계 뺄셈과 나눗셈의 관계	계산 순서/교환법칙 결합법칙/분배법칙 덧셈과 뺄셈의 관계 곱셈과 나눗셈의 관계 0과 1의 계산 등식	상황에 맞는 계산 규칙의 발견과 적용 추상화된 식의 계산	어림하기 연산의 다양성 수의 조작

3학년 A

덧셈과 뺄셈의 원리	나눗셈의 원리	곱셈의 원리
덧셈과 뺄셈의 성질	나눗셈의 활용	곱셈의 성질
덧셈과 뺄셈의 활용	나눗셈의 감각	곱셈의 활용
덧셈과 뺄셈의 감각		곱셈의 감각

1 받아올림이 없는 (세 자리 수)+(세 자리 수)
2 받아올림이 한 번 있는 (세 자리 수)+(세 자리 수)
3 받아올림이 두 번 있는 (세 자리 수)+(세 자리 수)
4 받아올림이 세 번 있는 (세 자리 수)+(세 자리 수)
5 받아내림이 없는 (세 자리 수)−(세 자리 수)
6 받아내림이 한 번 있는 (세 자리 수)−(세 자리 수)
7 받아내림이 두 번 있는 (세 자리 수)−(세 자리 수)
8 나눗셈의 기초
9 나머지가 없는 곱셈구구 안에서의 나눗셈
10 올림이 없는 (두 자리 수)×(한 자리 수)
11 올림이 한 번 있는 (두 자리 수)×(한 자리 수)
12 올림이 두 번 있는 (두 자리 수)×(한 자리 수)

3학년 B

곱셈의 원리	나눗셈의 원리	분수의 원리
곱셈의 성질	나눗셈의 성질	
곱셈의 활용	나눗셈의 활용	
곱셈의 감각	나눗셈의 감각	

1 올림이 없는 (세 자리 수)×(한 자리 수)
2 올림이 한 번 있는 (세 자리 수)×(한 자리 수)
3 올림이 두 번 있는 (세 자리 수)×(한 자리 수)
4 (두 자리 수)×(두 자리 수)
5 나머지가 있는 나눗셈
6 (몇십)÷(몇), (몇백몇십)÷(몇)
7 내림이 없는 (두 자리 수)÷(한 자리 수)
8 내림이 있는 (두 자리 수)÷(한 자리 수)
9 나머지가 있는 (두 자리 수)÷(한 자리 수)
10 나머지가 없는 (세 자리 수)÷(한 자리 수)
11 나머지가 있는 (세 자리 수)÷(한 자리 수)
12 분수

4학년 A

곱셈의 원리	나눗셈의 원리
곱셈의 성질	나눗셈의 성질
곱셈의 활용	나눗셈의 활용
곱셈의 감각	나눗셈의 감각

1 (세 자리 수)×(두 자리 수)
2 (네 자리 수)×(두 자리 수)
3 (몇백), (몇천) 곱하기
4 곱셈 종합
5 몇십으로 나누기
6 (두 자리 수)÷(두 자리 수)
7 몫이 한 자리 수인 (세 자리 수)÷(두 자리 수)
8 몫이 두 자리 수인 (세 자리 수)÷(두 자리 수)

4학년 B

분수의 원리	덧셈과 뺄셈의 감각
덧셈과 뺄셈의 원리	
덧셈과 뺄셈의 성질	
덧셈과 뺄셈의 활용	

1 분모가 같은 진분수의 덧셈
2 분모가 같은 대분수의 덧셈
3 분모가 같은 진분수의 뺄셈
4 분모가 같은 대분수의 뺄셈
5 자릿수가 같은 소수의 덧셈
6 자릿수가 다른 소수의 덧셈
7 자릿수가 같은 소수의 뺄셈
8 자릿수가 다른 소수의 뺄셈

3 생각하고, 풀고, 느껴야 수학 개념이 남는다.

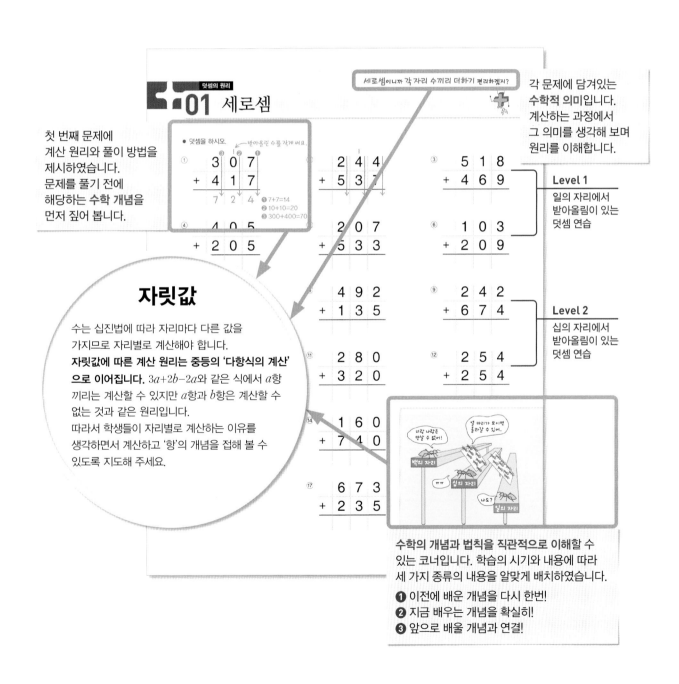

첫 번째 문제에
계산 원리와 풀이 방법을
제시하였습니다.
문제를 풀기 전에
해당하는 수학 개념을
먼저 짚어 봅니다.

세로셈이니까 각 자리 수끼리 더하기 편리하겠지?

각 문제에 담겨있는
수학적 의미입니다.
계산하는 과정에서
그 의미를 생각해 보며
원리를 이해합니다.

덧셈의 원리
01 세로셈

● 덧셈을 하시오.   받아올린 수를 각게 써요.

```
   3 0 7
 + 4 1 7
   7 2 4    ❶ 7+7=14
            ❷ 10+10=20
            ❸ 300+400=700
```

```
   4 0 5
 + 2 0 5
```

```
   2 4 4
 + 5 3 1
```

```
   2 0 7
 + 5 3 3
```

```
   4 9 2
 + 1 3 5
```

```
   2 8 0
 + 3 2 0
```

```
   1 6 0
 + 7 4 0
```

```
   6 7 3
 + 2 3 5
```

```
   5 1 8
 + 4 6 9
```

```
   1 0 3
 + 2 0 9
```

```
   2 4 2
 + 6 7 4
```

```
   2 5 4
 + 2 5 4
```

Level 1
일의 자리에서
받아올림이 있는
덧셈 연습

Level 2
십의 자리에서
받아올림이 있는
덧셈 연습

자릿값

수는 십진법에 따라 자리마다 다른 값을
가지므로 자리별로 계산해야 합니다.
**자릿값에 따른 계산 원리는 중등의 '다항식의 계산'
으로 이어집니다.** $3a+2b-2a$와 같은 식에서 a항
끼리는 계산할 수 있지만 a항과 b항은 계산할 수
없는 것과 같은 원리입니다.
따라서 학생들이 자리별로 계산하는 이유를
생각하면서 계산하고 '항'의 개념을 접해 볼 수
있도록 지도해 주세요.

수학의 개념과 법칙을 직관적으로 이해할 수
있는 코너입니다. 학습의 시기와 내용에 따라
세 가지 종류의 내용을 알맞게 배치하였습니다.

❶ 이전에 배운 개념을 다시 한번!
❷ 지금 배우는 개념을 확실히!
❸ 앞으로 배울 개념과 연결!

수학적 연산 분류에 따른 전체 학습 설계

1학년 A

수 감각

덧셈과 뺄셈의 원리

덧셈과 뺄셈의 성질

덧셈과 뺄셈의 감각

1 수를 가르기하고 모으기하기
2 합이 9까지인 덧셈
3 한 자리 수의 뺄셈
4 덧셈과 뺄셈의 관계
5 10을 가르기하고 모으기하기
6 10의 덧셈과 뺄셈
7 연이은 덧셈, 뺄셈

1학년 B

덧셈과 뺄셈의 원리

덧셈과 뺄셈의 성질

덧셈과 뺄셈의 활용

덧셈과 뺄셈의 감각

1 두 수의 합이 10인 세 수의 덧셈
2 두 수의 차가 10인 세 수의 뺄셈
3 받아올림이 있는 (몇)+(몇)
4 받아내림이 있는 (십몇)−(몇)
5 (몇십)+(몇), (몇)+(몇십)
6 받아올림, 받아내림이 없는 (몇십몇)±(몇)
7 받아올림, 받아내림이 없는 (몇십몇)±(몇십몇)

2학년 A

덧셈과 뺄셈의 원리

덧셈과 뺄셈의 성질

덧셈과 뺄셈의 활용

덧셈과 뺄셈의 감각

1 받아올림이 있는 (몇십몇)+(몇)
2 받아올림이 한 번 있는 (몇십몇)+(몇십몇)
3 받아올림이 두 번 있는 (몇십몇)+(몇십몇)
4 받아내림이 있는 (몇십몇)−(몇)
5 받아내림이 있는 (몇십몇)−(몇십몇)
6 세 수의 계산(1)
7 세 수의 계산(2)

2학년 B

곱셈의 원리

곱셈의 성질

곱셈의 활용

곱셈의 감각

1 곱셈의 기초
2 2, 5단 곱셈구구
3 3, 6단 곱셈구구
4 4, 8단 곱셈구구
5 7, 9단 곱셈구구
6 곱셈구구 종합
7 곱셈구구 활용

디딤돌
연산은
수학이다.

디딤돌

수학적 의미에 따른 연산의 분류

같아 보이지만 완전히 다릅니다!

1. 입체적 학습의 흐름

연산은 수학적 개념을 바탕으로 합니다.
따라서 단순 계산 문제를 반복하는 것이 아니라 원리를 이해하고, 계산 방법을 익히고,
수학적 법칙을 경험해 볼 수 있는 문제를 다양하게 접할 수 있어야 합니다.
연산을 다양한 각도에서 생각해 볼 수 있는 문제들로 계산력을 뛰어넘는 수학 실력을 길러 주세요.

연산

덧셈과 뺄셈의 원리 ▶ 계산 방법 이해
01 이어서 계산하기

본 학습에 들어가기 전에 필요한 도움닫기 문제입니다.
이전에 배운 내용과 연계하거나 단계를 주어 계산 원리를
쉽게 이해할 수 있도록 하였습니다.

덧셈과 뺄셈의 원리 ▶ 계산 방법 이해
02 순서대로 계산하기

덧셈과 뺄셈의 원리 ▶ 계산 방법 이해
03 가로셈

가장 기본적인 계산 문제입니다.
본 학습의 계산 원리를 익힐 수 있도록
충분히 연습합니다.

기초 연산책의 학습 범위

덧셈과 뺄셈의 원리 ▶ 계산 원리 이해
04 다르면서 같은 계산

덧셈과 뺄셈의 원리 ▶ 계산 원리 이해
05 기호를 바꾸어 계산하기

연산의 원리, 성질들을 느끼고 활용해 보는 문제입니다.
하나의 연산 원리를 다양한 관점에서 생각해 보고
수학의 개념과 법칙을 이해합니다.

덧셈의 감각 ▶ 덧셈의 다양성
06 알맞은 탑에 색칠하기

덧셈과 뺄셈의 감각 ▶ 수의 조작
07 수를 정하여 식 완성하기

연산의 원리를 바탕으로 수를 다양하게 조작해 보고
추론하여 해결하는 문제입니다. 앞서 학습한 연산의 원리,
성질들을 이용하여 사고력과 수 감각을 기릅니다.

수학

2. 입체적 학습의 구성

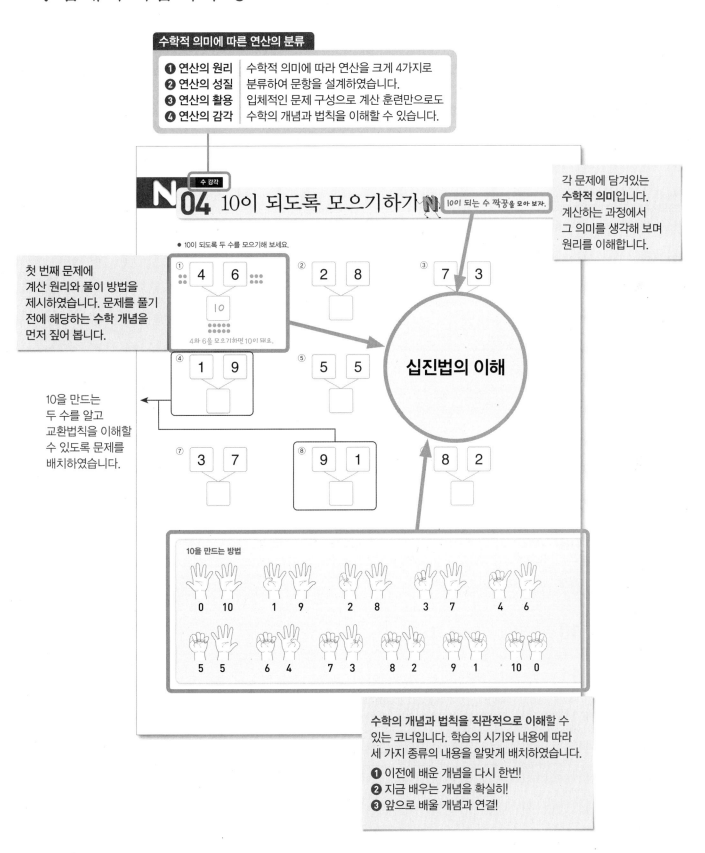

수학적 의미에 따른 연산의 분류

❶ 연산의 원리
❷ 연산의 성질
❸ 연산의 활용
❹ 연산의 감각

수학적 의미에 따라 연산을 크게 4가지로
분류하여 문항을 설계하였습니다.
입체적인 문제 구성으로 계산 훈련만으로도
수학의 개념과 법칙을 이해할 수 있습니다.

수 감각

N04 10이 되도록 모으기하기 N

10이 되는 수 짝꿍을 모아 보자.

각 문제에 담겨있는
수학적 의미입니다.
계산하는 과정에서
그 의미를 생각해 보며
원리를 이해합니다.

첫 번째 문제에
계산 원리와 풀이 방법을
제시하였습니다. 문제를 풀기
전에 해당하는 수학 개념을
먼저 짚어 봅니다.

● 10이 되도록 두 수를 모으기해 보세요.

① 4   6
   10
4와 6을 모으기하면 10이 돼요.

② 2   8

③ 7   3

④ 1   9

⑤ 5   5

십진법의 이해

10을 만드는
두 수를 알고
교환법칙을 이해할
수 있도록 문제를
배치하였습니다.

⑦ 3   7

⑧ 9   1

8   2

10을 만드는 방법

| 0 | 10 | 1 | 9 | 2 | 8 | 3 | 7 | 4 | 6 |

| 5 | 5 | 6 | 4 | 7 | 3 | 8 | 2 | 9 | 1 | 10 | 0 |

수학의 개념과 법칙을 직관적으로 이해할 수
있는 코너입니다. 학습의 시기와 내용에 따라
세 가지 종류의 내용을 알맞게 배치하였습니다.

❶ 이전에 배운 개념을 다시 한번!
❷ 지금 배우는 개념을 확실히!
❸ 앞으로 배울 개념과 연결!

N1 수를 가르기하고 모으기하기

수는 모으기하거나 가르기할 수 있어.

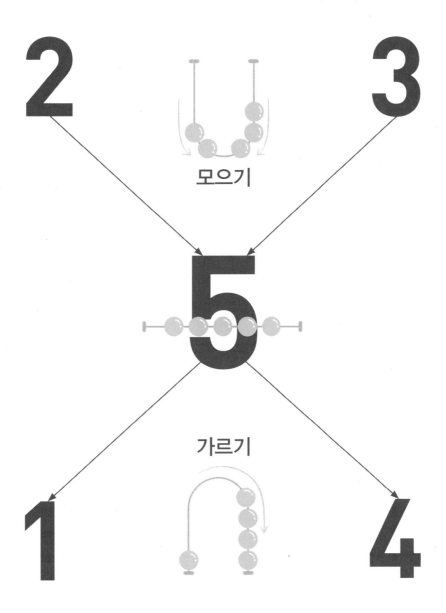

2

3

모으기

5

가르기

1

4

구슬의 수만큼 두 수로 가르기해 봐.

N 01 그림의 수를 세어 가르기하기

● 빈칸에 알맞은 수를 써 보세요.

①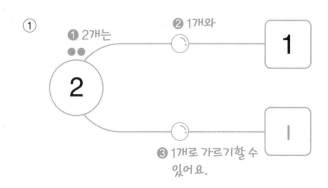

❶ 2개는 ❷ 1개와 1

2

❸ 1개로 가르기할 수 있어요. I

②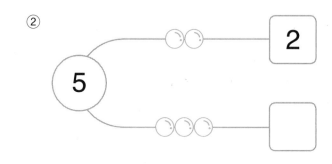

5 2

③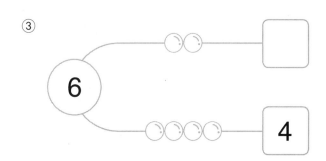

6 4

④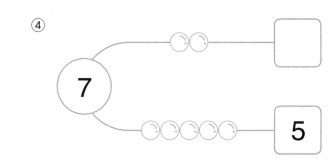

7 5

⑤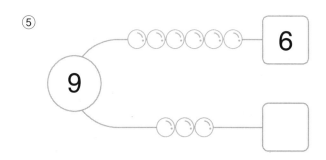

9 6

⑥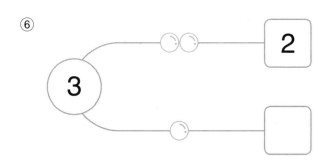

3 2

⑦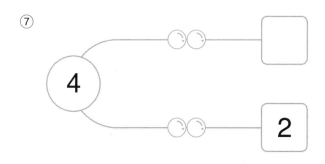

4 2

⑧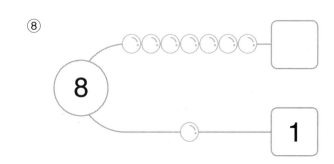

8 1

⑨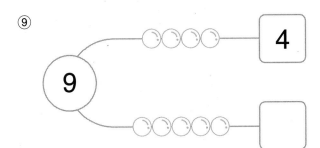

⑩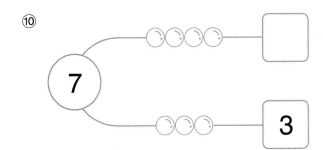

⑪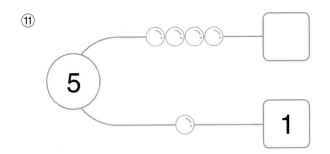

⑫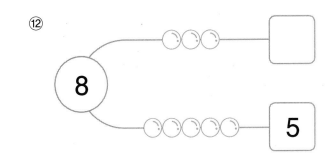

⑬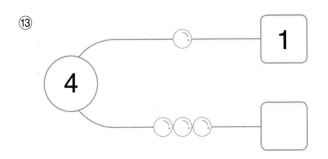

⑭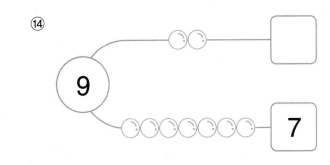

⑮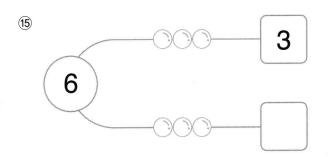

⑯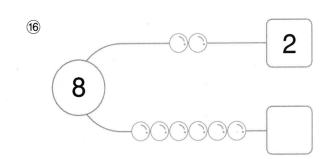

구슬의 수만큼 두 수를 모으기해 봐.

N 02 그림의 수를 세어 모으기하기

● 빈칸에 알맞은 수를 써 보세요.

①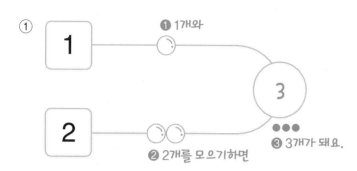

②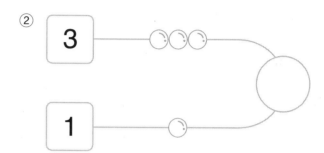

③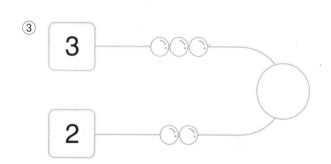

④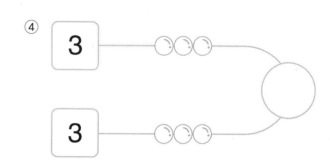

⑤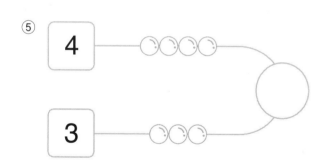

⑥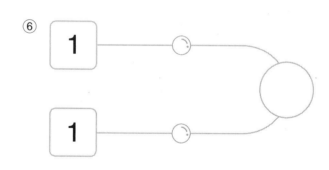

⑦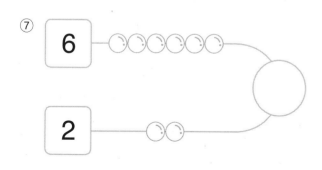

⑧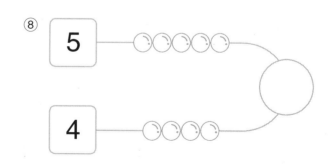

⑨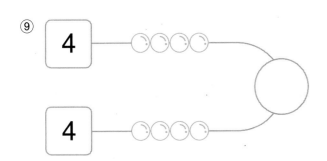

⑩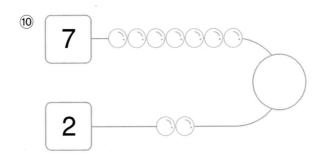

⑪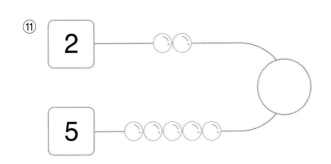

⑫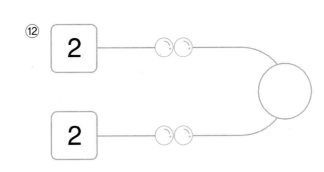

⑬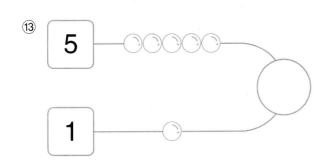

⑭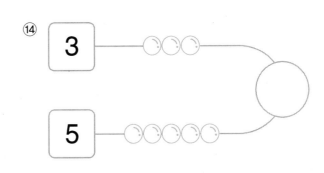

⑮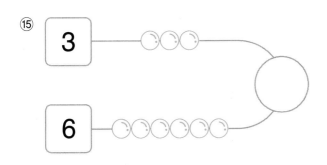

⑯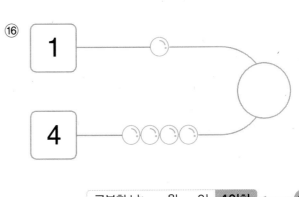

두 수로 가르기하기 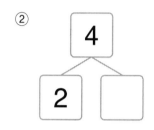수를 가르기하면 더 작은 수가 되겠지?

● 빈칸에 알맞은 수를 써 보세요.

①
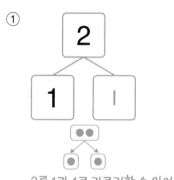

2를 1과 1로 가르기할 수 있어요.

②
4
2 □

③
7
4 □

④
3
1 □

⑤
9
6 □

⑥
8
1 □

⑦
6
2 □

⑧
5
1 □

⑨
7
1 □

⑩
4
3 □

⑪
8
6 □

⑫
9
4 □

⑬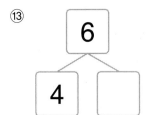

⑭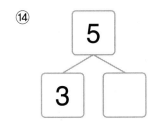

⑮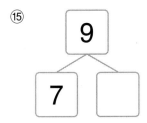

⑯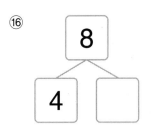

⑰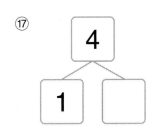

⑱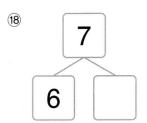

⑲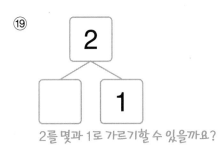

2를 몇과 1로 가르기할 수 있을까요?

⑳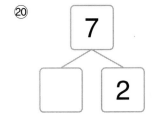

㉑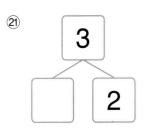

㉒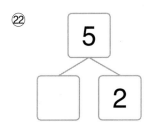

㉓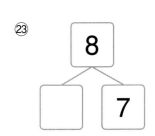

㉔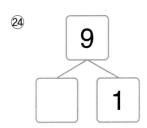

㉕
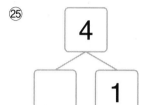

㉖
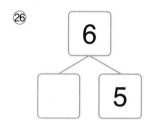

㉗
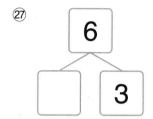

㉘
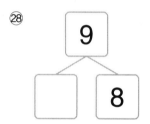

㉙
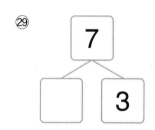

㉚
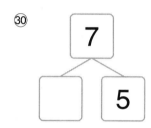

㉛
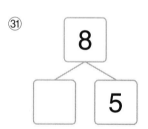

㉜
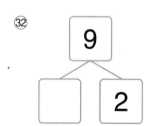

㉝
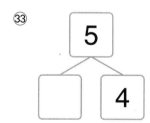

㉞
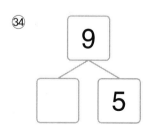

㉟
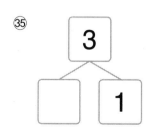

㊱
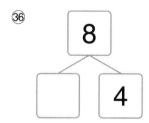

두 수를 모으기하기

수를 모으기하면 더 큰 수가 되겠지?

● 빈칸에 알맞은 수를 써 보세요.

①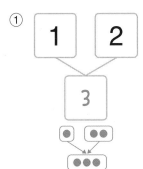

1과 2를 모으기하면 3이 돼요.

②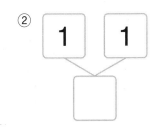

③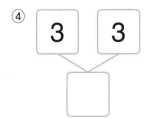

④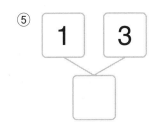

⑤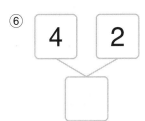

⑥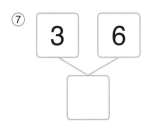

⑦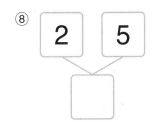

⑧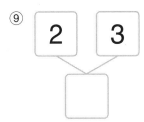

⑨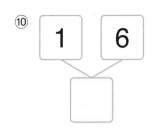

⑩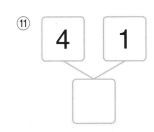

⑪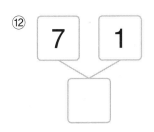

⑫

⑬
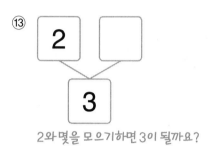

2와 몇을 모으기하면 3이 될까요?

⑭
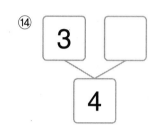

⑮
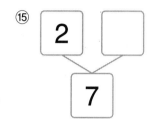

⑯
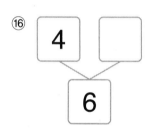

⑰
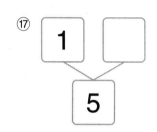

⑱
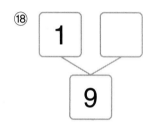

⑲
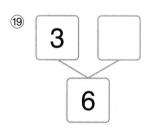

⑳
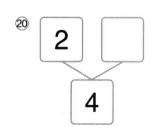

㉑
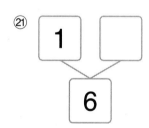

㉒
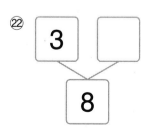

㉓
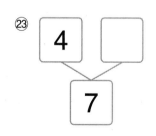

㉔
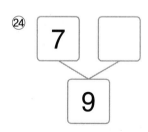

㉕ □ 3
9

몇과 3을 모으기하면 9가 될까요?

㉖ □ 3
5

㉗ □ 4
8

㉘ □ 1
7

㉙ □ 2
8

㉚ □ 4
9

㉛ □ 1
2

㉜ □ 3
7

㉝ □ 1
6

㉞ □ 6
8

㉟ □ 2
5

㊱ □ 2
4

수를 똑같게 가르기하기

N 수를 똑같게 가르기하면 반이야.

● 수를 똑같게 가르기하여 빈칸에 알맞은 수를 써 보세요.

① ●/●

2

1 | |

●   ●

2를 똑같게 가르기하면 1과 1이에요.

② ●●/●●

4

2 ◯

●●   ●●

③ 6

3 ◯

④ 8

4 ◯

⑤ 6

◯ 3

⑥ 4

◯ 2

⑦ 2

◯ 1

⑧ 8

◯ 4

⑨ 2

◯ ◯

2를 같은 두 수로 가르기해요.

⑩ 4

◯ ◯

⑪ 6

◯ ◯

⑫ 8

◯ ◯

18

N 06 같은 수 모으기하기 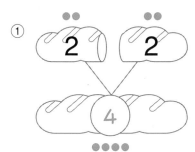 같은 수를 모으기하면 배가 돼.

● 같은 수를 모으기하여 빈칸에 알맞은 수를 써 보세요.

①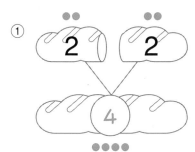

4

2와 2를 모으기하면 4가 돼요.

②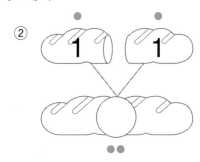

③

④

⑤

⑥

⑦

⑧

⑨

4

모으기해서 4가 되는
같은 수를 생각해 봐요.

⑩

6

⑪

8

⑫

2

N 07 여러 가지 방법으로 가르기하기

수를 작은 두 수로 가르기하는 방법은 여러 가지가 있어.

● 수를 4가지 방법으로 가르기해 보세요.

가르기한 두 수를 다시 모으기했을 때 처음 수가 되어야 해.

①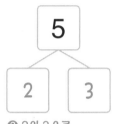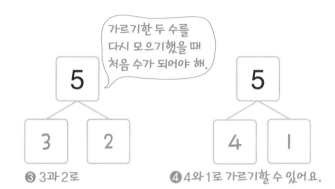

❶ 5는 1과 4로   ❷ 2와 3으로   ❸ 3과 2로   ❹ 4와 1로 가르기할 수 있어요.

②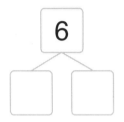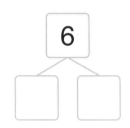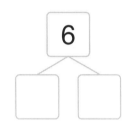

③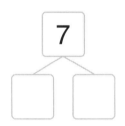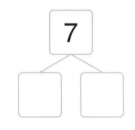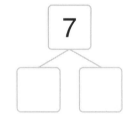

④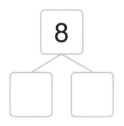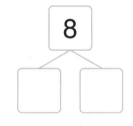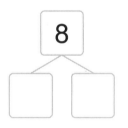

⑤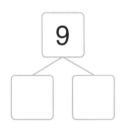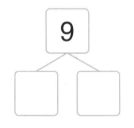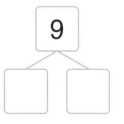

모으기해서 하나의 수로 만드는 방법은 여러 가지가 있어.

여러 가지 방법으로 모으기하기

● 정해진 수가 되도록 4가지 방법으로 모으기해 보세요.

①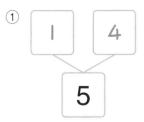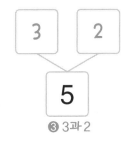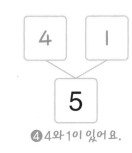

❶ 모으기해서 5가 되는 수는 1과 4   ❷ 2와 3   ❸ 3과 2   ❹ 4와 1이 있어요.

②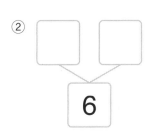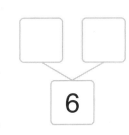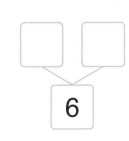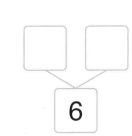

③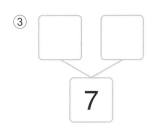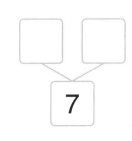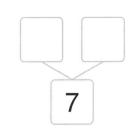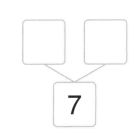

④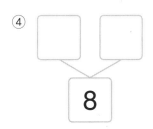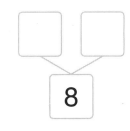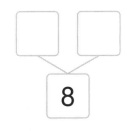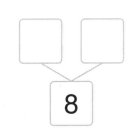

⑤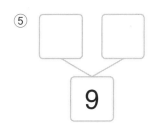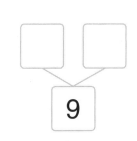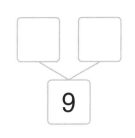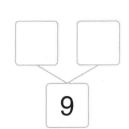

도착하는 수 찾기  주사위의 눈의 수만큼 **움직여 봐!**

● 주사위 두 개를 굴려서 도착하는 수에 색칠해 보세요.

① 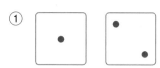 출발 ① ② **③** ④ ⑤ ⑥ ⑦ ⑧ ⑨

1과 2를 모으기하면 3이 돼요.

② ① ② ③ ④ ⑤ ⑥ ⑦ ⑧ ⑨

③ ① ② ③ ④ ⑤ ⑥ ⑦ ⑧ ⑨

④ ① ② ③ ④ ⑤ ⑥ ⑦ ⑧ ⑨

⑤ ① ② ③ ④ ⑤ ⑥ ⑦ ⑧ ⑨

⑥ ① ② ③ ④ ⑤ ⑥ ⑦ ⑧ ⑨

⑦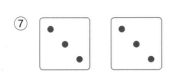

⑧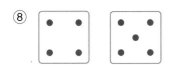

⑨

⑩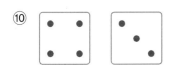

⑪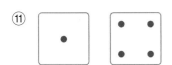

⑫

깃발이 놓인 수로 가려면 주사위의 눈이 몇이 되어야 할까?

● 깃발이 놓인 수에 도착하도록 주사위 두 개에 점을 그려 보세요. (단, 수는 순서대로 놓여 있습니다.)

❷ 3이 되려면 1과 2 또는 2와 1이 있어야 해요.

① **❶ 깃발이 놓인 수는 3이에요.**

출발 1 2 ③ 4 5 6 7 8 9

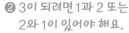

예

로 그릴 수도 있어요.

② 1 2 3 4 ⑤ 6 7 8 9

③ ① 2 3 4 5 6 7 8 9

④ 1 2 3 4 5 6 7 ⑧ 9

⑤ 1 2 3 ④ 5 6 7 8 9

⑥ 1 2 3 4 5 ⑥ 7 8 9

⑦ 1 2 3 4 5 6 7 8 ⑨

⑧ 1 2 3 4 5 6 ⑦ 8 9

N 11 수 감각 연달아 가르기하고 모으기하기

● 빈칸에 알맞은 수를 써 보세요.

①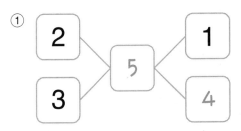

❶ 2와 3을 모으기하면 5가돼요.　❷ 5는 1과 4로 가르기할 수 있어요.

②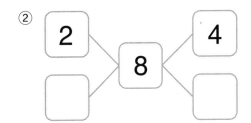

③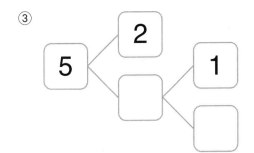

④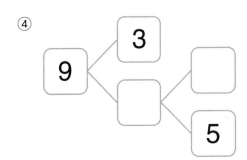

⑤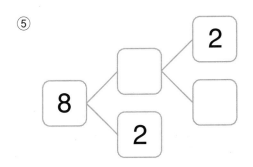

⑥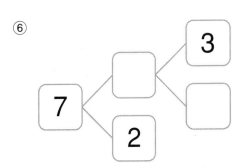

⑦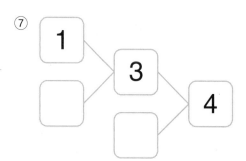

⑧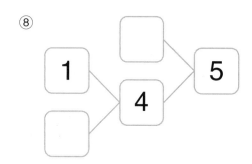

말풍선: 먼저 2와 몇을 모으기해야 6이 되는지 알아봐요.

⑨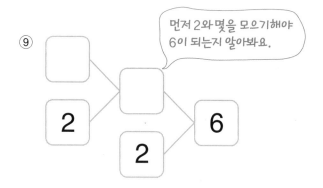

⑩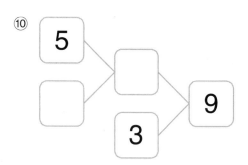

⑪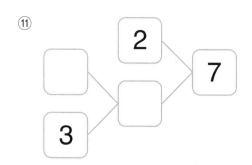

⑫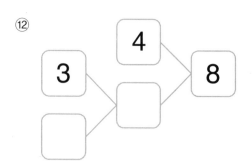

26

⑬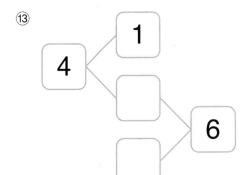

⑭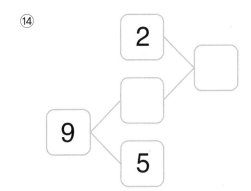

⑮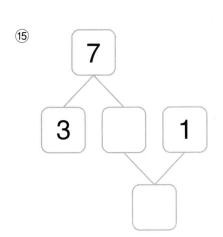

⑯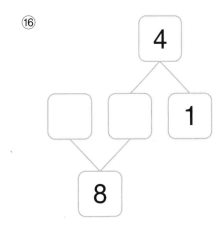

⑰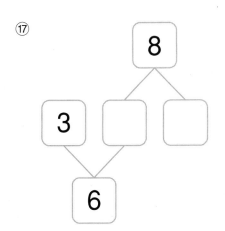

⑱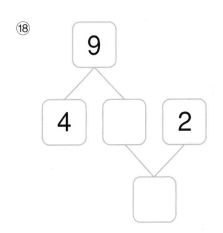

수를 화살표 양쪽의 두 수로 가르기해 봐!

◯ 안의 수를 양쪽의 두 수로 가르기하기

● ◯ 안의 수를 양쪽의 두 수로 가르기해 보세요.

①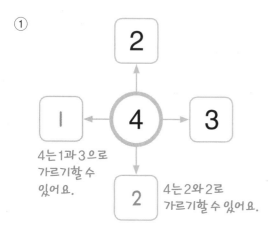

4는 1과 3으로 가르기할 수 있어요.

4는 2와 2로 가르기할 수 있어요.

②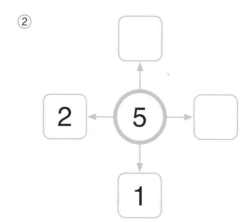

③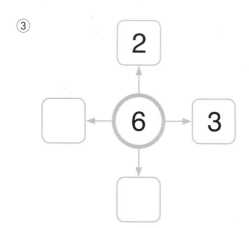

④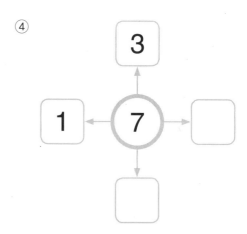

⑤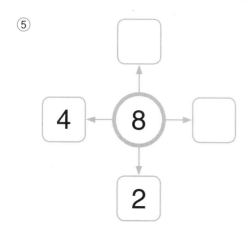

⑥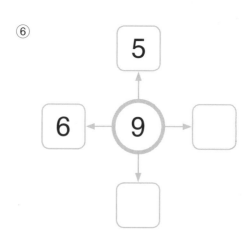

⑦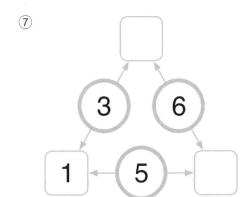

⑧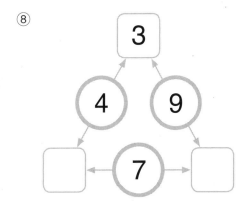

⑨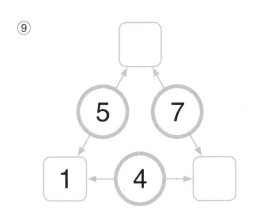

⑩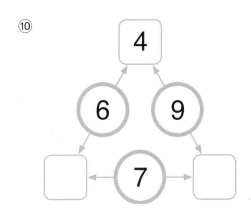

⑪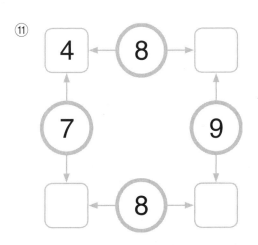

⑫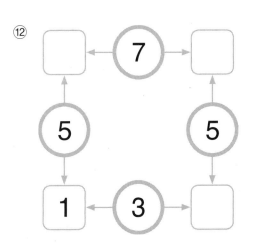

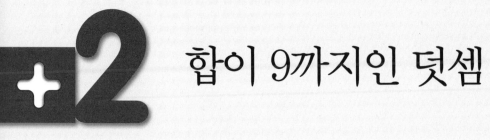

합이 9까지인 덧셈

늘어나거나 합할 때 덧셈을 해.

늘어난 수

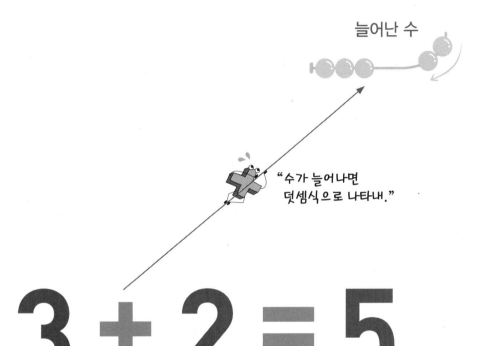

"수가 늘어나면
덧셈식으로 나타내."

3 + 2 = 5

3 더하기 2는 5와 같습니다. (3과 2의 합은 5입니다.)

"두 수를 합하면
덧셈식으로 나타내."

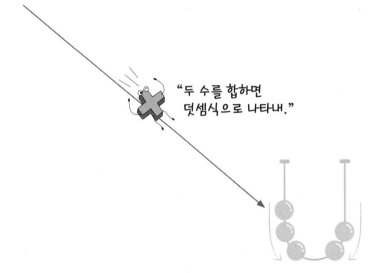

합한 수

늘어나면 모두 몇 개가 되는지 구할 때 덧셈을 해.

01 늘어나면 모두 몇 개가 될까?

● 구슬이 늘어나면 모두 몇 개가 되는지 덧셈으로 알아보세요.

①
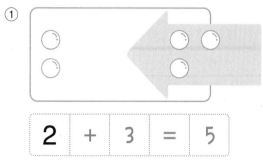

| 2 | + | 3 | = | 5 |

❶ 2개에서 ❷ 3개가 늘어나면 ❸ 5개가 돼요.

②
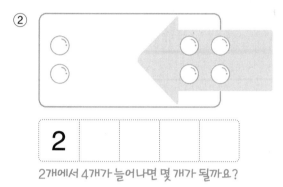

| 2 | | | | |

2개에서 4개가 늘어나면 몇 개가 될까요?

③

| 4 | | | | |

④

| 6 | | | | |

⑤

| 5 | | | | |

⑥
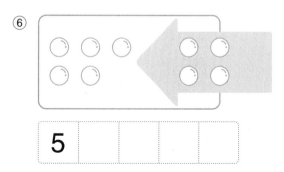

| 5 | | | | |

⑦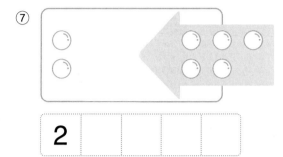

2

⑧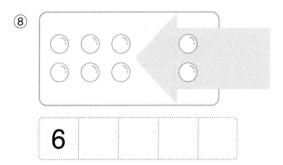

6

⑨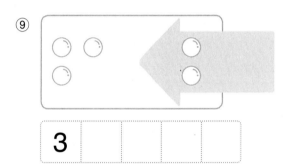

3

⑩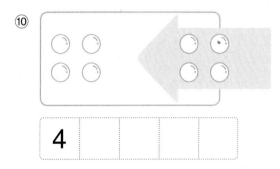

4

⑪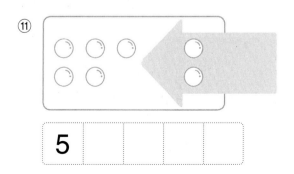

5

⑫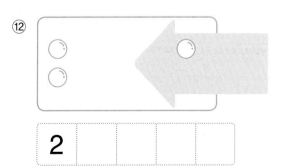

2

합하면 모두 몇 개가 되는지 구할 때 덧셈을 해.

02 합하면 모두 몇 개가 될까?

● 구슬을 합하면 모두 몇 개가 되는지 덧셈으로 알아보세요.

①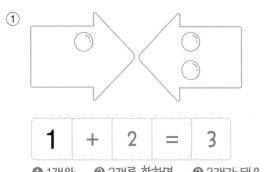

| 1 | + | 2 | = | 3 |

❶ 1개와 　❷ 2개를 합하면 　❸ 3개가 돼요.

②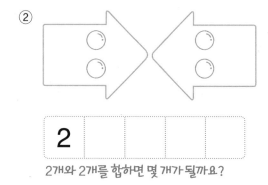

| 2 | | | |

2개와 2개를 합하면 몇 개가 될까요?

③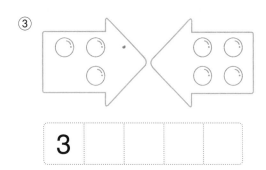

| 3 | | | |

④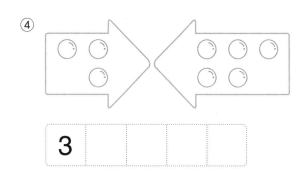

| 3 | | | |

⑤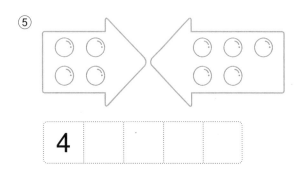

| 4 | | | |

⑥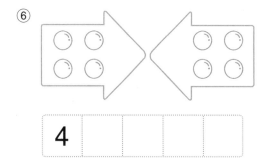

| 4 | | | |

⑦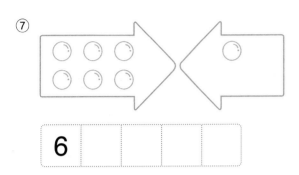

6 | | | |

⑧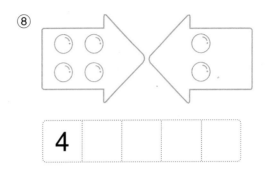

4 | | | |

⑨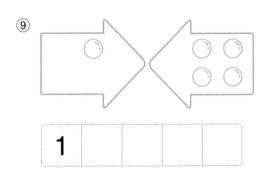

1 | | | |

⑩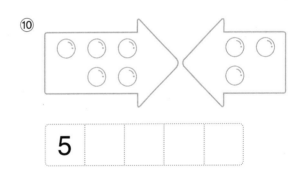

5 | | | |

⑪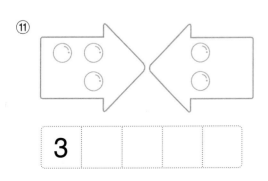

3 | | | |

⑫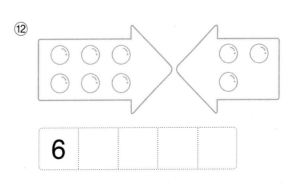

6 | | | |

03 가로셈 ✚ — 가로셈에서는 두 수를 더해서 나온 수를 ＝(등호)의 오른쪽에 써.

● 덧셈을 해 보세요.

① $1 + 1 = 2$

1에 1을 더하면 2가 돼요.

② $3 + 4 = $

③ $2 + 6 = $

④ $4 + 1 = $

⑤ $1 + 2 = $

⑥ $5 + 3 = $

⑦ $1 + 3 = $

⑧ $2 + 1 = $

⑨ $3 + 1 = $

⑩ $4 + 4 = $

⑪ $2 + 2 = $

⑫ $1 + 4 = $

⑬ $5 + 1 = $

⑭ $3 + 2 = $

⑮ $4 + 5 = $

⑯ $2 + 3 = $

⑰ 1 + 5 =

⑱ 7 + 1 =

⑲ 5 + 2 =

⑳ 6 + 1 =

㉑ 6 + 2 =

㉒ 1 + 6 =

㉓ 2 + 4 =

㉔ 3 + 3 =

㉕ 1 + 7 =

㉖ 6 + 3 =

㉗ 7 + 2 =

㉘ 2 + 5 =

㉙ 4 + 3 =

㉚ 1 + 8 =

합체!

더해서 나온 수를 '합'이라고 해.

37

가로셈에서는 두 수를 더해서 나온 수를 ＝(등호)의 오른쪽에 써.

㉛ $2 + 7 =$

㉜ $8 + 1 =$

㉝ $3 + 6 =$

㉞ $4 + 3 =$

㉟ $3 + 5 =$

㊱ $4 + 2 =$

㊲ $5 + 4 =$

㊳ $6 + 2 =$

㊴ $1 + 3 =$

㊵ $1 + 6 =$

㊶ $7 + 2 =$

㊷ $2 + 6 =$

㊸ $2 + 1 =$

㊹ $7 + 1 =$

㊺ $3 + 1 =$

㊻ $5 + 1 =$

04 세로셈 ➕ 세로셈에서는 두 수를 더해서 나온 수를 숫자 아래에 써.

● 덧셈을 해 보세요.

①
$$\begin{array}{r} 2 \\ + 1 \\ \hline 3 \end{array}$$

2에 1을 더하면 3이 돼요.

②
$$\begin{array}{r} 2 \\ + 3 \\ \hline \end{array}$$

③
$$\begin{array}{r} 3 \\ + 3 \\ \hline \end{array}$$

④
$$\begin{array}{r} 1 \\ + 3 \\ \hline \end{array}$$

⑤
$$\begin{array}{r} 2 \\ + 7 \\ \hline \end{array}$$

⑥
$$\begin{array}{r} 2 \\ + 5 \\ \hline \end{array}$$

⑦
$$\begin{array}{r} 6 \\ + 1 \\ \hline \end{array}$$

⑧
$$\begin{array}{r} 6 \\ + 3 \\ \hline \end{array}$$

⑨
$$\begin{array}{r} 1 \\ + 1 \\ \hline \end{array}$$

⑩
$$\begin{array}{r} 4 \\ + 1 \\ \hline \end{array}$$

⑪
$$\begin{array}{r} 5 \\ + 3 \\ \hline \end{array}$$

⑫
$$\begin{array}{r} 8 \\ + 1 \\ \hline \end{array}$$

⑬
$$\begin{array}{r} 7 \\ + 1 \\ \hline \end{array}$$

⑭
$$\begin{array}{r} 2 \\ + 6 \\ \hline \end{array}$$

⑮
$$\begin{array}{r} 4 \\ + 5 \\ \hline \end{array}$$

⑯
```
    7
+   2
─────
```

⑰
```
    4
+   2
─────
```

⑱
```
    3
+   4
─────
```

⑲
```
    2
+   2
─────
```

⑳
```
    1
+   8
─────
```

㉑
```
    5
+   2
─────
```

㉒
```
    1
+   4
─────
```

㉓
```
    2
+   4
─────
```

㉔
```
    5
+   3
─────
```

㉕
```
    5
+   1
─────
```

㉖
```
    8
+   1
─────
```

㉗
```
    4
+   4
─────
```

㉘
```
    3
+   1
─────
```

㉙
```
    1
+   5
─────
```

㉚
```
    2
+   2
─────
```

③1

$$\begin{array}{r} 3 \\ +\ 6 \\ \hline \end{array}$$

③2

$$\begin{array}{r} 1 \\ +\ 1 \\ \hline \end{array}$$

③3

$$\begin{array}{r} 4 \\ +\ 3 \\ \hline \end{array}$$

③4

$$\begin{array}{r} 3 \\ +\ 4 \\ \hline \end{array}$$

③5

$$\begin{array}{r} 1 \\ +\ 2 \\ \hline \end{array}$$

③6

$$\begin{array}{r} 1 \\ +\ 6 \\ \hline \end{array}$$

③7

$$\begin{array}{r} 2 \\ +\ 7 \\ \hline \end{array}$$

③8

$$\begin{array}{r} 3 \\ +\ 2 \\ \hline \end{array}$$

③9

$$\begin{array}{r} 4 \\ +\ 1 \\ \hline \end{array}$$

④0

$$\begin{array}{r} 6 \\ +\ 1 \\ \hline \end{array}$$

④1

$$\begin{array}{r} 1 \\ +\ 7 \\ \hline \end{array}$$

④2

$$\begin{array}{r} 3 \\ +\ 5 \\ \hline \end{array}$$

④3

$$\begin{array}{r} 4 \\ +\ 2 \\ \hline \end{array}$$

④4

$$\begin{array}{r} 5 \\ +\ 4 \\ \hline \end{array}$$

④5

$$\begin{array}{r} 6 \\ +\ 2 \\ \hline \end{array}$$

㊻
```
    3
+   6
─────
```

㊼
```
    2
+   2
─────
```

㊽
```
    2
+   1
─────
```

㊾
```
    2
+   3
─────
```

㊿
```
    7
+   2
─────
```

⑤¹
```
    1
+   8
─────
```

⑤²
```
    5
+   2
─────
```

⑤³
```
    4
+   5
─────
```

⑤⁴
```
    4
+   3
─────
```

⑤⁵
```
    3
+   3
─────
```

⑤⁶
```
    1
+   3
─────
```

⑤⁷
```
    7
+   1
─────
```

⑤⁸
```
    6
+   3
─────
```

⑤⁹
```
    2
+   6
─────
```

⑥⁰
```
    2
+   5
─────
```

05 0 더하기

0은 더하나 마나야.

● 덧셈을 해 보세요.

①
| 1 | + | 0 | = | Ⅰ |

0은 아무것도 없음을 말해 주는 숫자예요.

②
| 0 | + | 3 | = | |

③
| 2 | + | 0 | = | |

④
| 0 | + | 4 | = | |

⑤
| 6 | + | 0 | = | |

⑥
| 0 | + | 1 | = | |

⑦
| 4 | + | 0 | = | |

⑧
| 0 | + | 7 | = | |

⑨
| 5 | + | 0 | = | |

⑩
| 0 | + | 6 | = | |

⑪
| 9 | + | 0 | = | |

⑫
| 0 | + | 8 | = | |

⑬
| 0 | + | 2 | = | |

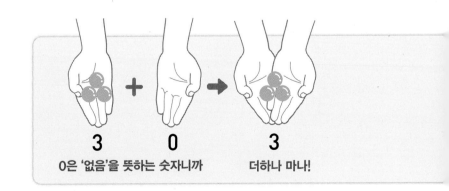

3 + 0 → 3

0은 '없음'을 뜻하는 숫자니까   더하나 마나!

⑭
| 0 | + | 5 | = | |

43

두 수를 바꾸어 더해도 합은 같아.

06 바꾸어 더하기

● 덧셈을 해 보세요.

①

$$1 + 4 = 5$$

$$4 + 1 = 5$$

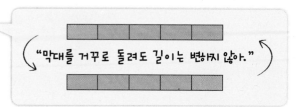

"막대를 거꾸로 돌려도 길이는 변하지 않아."

②

$$2 + 3 = $$

$$3 + 2 = $$

③

$$3 + 5 = $$

$$5 + 3 = $$

④

$$2 + 4 = $$

$$4 + 2 = $$

⑤

$$7 + 2 = $$

$$2 + 7 = $$

⑥

$$3 + 1 = $$

$$1 + 3 = $$

⑦

$$3 + 4 = $$

$$4 + 3 = $$

⑧ 6 + 1 =

1 + 6 =

⑨ 5 + 4 =

4 + 5 =

⑩ 2 + 1 =

1 + 2 =

⑪ 5 + 2 =

2 + 5 =

⑫ 1 + 8 =

8 + 1 =

⑬ 3 + 6 =

6 + 3 =

⑭ 6 + 2 =

2 + 6 =

⑮ 1 + 4 =

4 + 1 =

더해지는 수의 크기에 따라 **합이 어떻게 달라지는지** 살펴봐.

07 꼭대기에 있는 수 더하기

● 꼭대기에 있는 수를 더하여 오른쪽 빈칸에 알맞은 수를 써 보세요.

①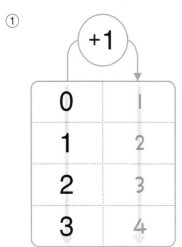

+1

0	1
1	2
2	3
3	4

더해지는 수가 1씩 커지면   합도 1씩 커져요.

② +2

2	
3	
4	
5	

③ +3

3	
4	
5	
6	

④ +4

2	
3	
4	
5	

⑤ +1

1	
2	
3	
4	

⑥ +1

2	
4	
6	
8	

⑦ +0

3	
5	
7	
9	

⑧ +2

0	
2	
4	
6	

⑨ +3

0	
1	
2	
3	

⑩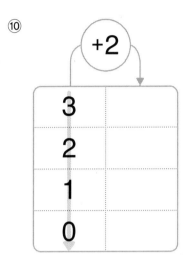

더해지는 수가 1씩 작아지면 합은 어떻게 될까요?

⑪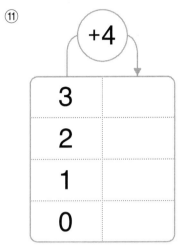

⑫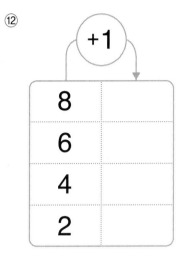

⑬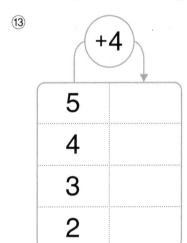

⑭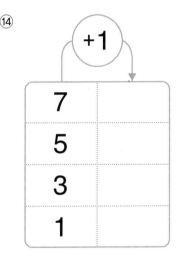

⑮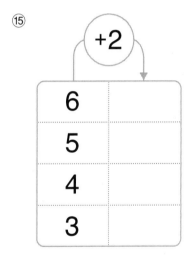

⑯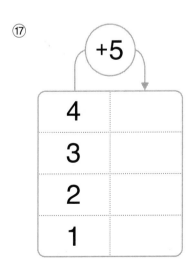

⑰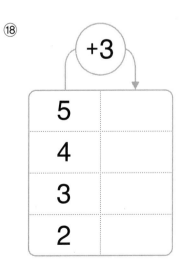

⑱

08 다르면서 같은 덧셈

 식이 다른데 합은 왜 같을까?

● 덧셈을 해 보세요.

① 2+2= 4
   1+3= 4

작아지는 만큼 커져요.

② 8+1=
   7+2=

③ 1+2=
   0+3=

④ 3+4=
   2+5=

⑤ 5+2=
   3+4=

⑥ 2+4=
   1+5=

⑦ 7+1=
   5+3=

⑧ 4+5=
   2+7=

⑨ 6+2=
   4+4=

⑩ 3+6=
   1+8=

⑪ 4+1=
   2+3=

⑫ 3+3=
   1+5=

⑬ 1+1 =

2+0 =

커지는 만큼   작아져요.

⑭ 2+6 =

3+5 =

⑮ 4+2 =

5+1 =

⑯ 1+7 =

2+6 =

⑰ 3+2 =

4+1 =

⑱ 5+2 =

6+1 =

⑲ 2+5 =

4+3 =

⑳ 5+4 =

7+2 =

㉑ 1+5 =

3+3 =

㉒ 4+5 =

6+3 =

㉓ 4+4 =

6+2 =

㉔ 1+6 =

3+4 =

09 합이 같도록 묶기

두 수씩 짝 지어 가며 더해 봐.

● 합이 같도록 두 수씩 묶어 보세요.

①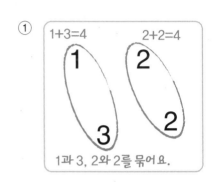
1+3=4   2+2=4

1   2

3   2

1과 3, 2와 2를 묶어요.

②

4   5

3   2

③

3

0

5   2

④

8   1

4

5

⑤

4   5

2

1

⑥

6

1

5

2

⑦

4   6

4

2

⑧

9   2

7

0

⑨

2

4

1   3

⑩

7   0

8

1

⑪

0

3

6

9

⑫

2   3

4

3

10 수를 덧셈식으로 나타내기

● 수를 덧셈식으로 나타내 보세요. (단, 답은 여러 가지가 될 수 있습니다.)

① 6 = <u>　예　1　</u> + <u>　5　</u> [● ●●●●●]　② 3 = <u>　　　</u> + <u>　　　</u>

　6 = <u>　예　2　</u> + <u>　4　</u> [●● ●●●●]　　3 = <u>　　　</u> + <u>　　　</u>

　　6=3+3, 6=6+0, ... 등도 답이 될 수 있어요.

③ 4 = <u>　　　</u> + <u>　　　</u>　　④ 7 = <u>　　　</u> + <u>　　　</u>

　4 = <u>　　　</u> + <u>　　　</u>　　　7 = <u>　　　</u> + <u>　　　</u>

⑤ 2 = <u>　　　</u> + <u>　　　</u>　　⑥ 8 = <u>　　　</u> + <u>　　　</u>

　2 = <u>　　　</u> + <u>　　　</u>　　　8 = <u>　　　</u> + <u>　　　</u>

⑦ 5 = <u>　　　</u> + <u>　　　</u>　　⑧ 7 = <u>　　　</u> + <u>　　　</u>

　5 = <u>　　　</u> + <u>　　　</u>　　　7 = <u>　　　</u> + <u>　　　</u>

⑨ 8 = <u>　　　</u> + <u>　　　</u>　　⑩ 9 = <u>　　　</u> + <u>　　　</u>

　8 = <u>　　　</u> + <u>　　　</u>　　　9 = <u>　　　</u> + <u>　　　</u>

11 양쪽을 같게 만들기  '='의 양쪽은 같아.

● '='의 양쪽이 같게 되도록 ☐ 안에 알맞은 수를 써 보세요.

① 3+3 = 5+ ☐1☐

❶ 3+3=6　　❷ 6이 되려면 5에
　　　　　　　　　1을 더해야 해요.

② 8+1 = ☐ +7

❶ 8+1=9　　❷ 9가 되려면 7에
　　　　　　　　　몇을 더해야 할까요?

③ 3+2 = 1+ ☐

④ 2+5 = ☐ +6

⑤ 4+5 = 6+ ☐

⑥ 5+3 = ☐ +6

⑦ 4+1 = 2+ ☐

⑧ 3+4 = ☐ +5

⑨ 2+7 = 1+ ☐

⑩ 2+4 = ☐ +1

⑪ 5+1 = 2+ ☐

⑫ 2+2 = ☐ +4

⑬ 3+6 = 4+ ☐

⑭ 6+1 = ☐ +4

⑮ 5+2 = 1+ ☐

⑯ 2+6 = ☐ +5

⑰ 1+7 = 4+ ☐

⑱ 0+3 = ☐ +1

⑲ 1+4 = 3+ ☐

⑳ 6+2 = ☐ +1

-3 한 자리 수의 뺄셈

줄어들거나 차이를 비교할 때 뺄셈을 해.

줄어들고 남은 수

"수가 줄어들면
뺄셈식으로 나타내."

5 - 2 = 3

5 빼기 2는 3과 같습니다. (5와 2의 차는 3입니다.)

"비교한 두 수의 차이를
뺄셈식으로 나타내."

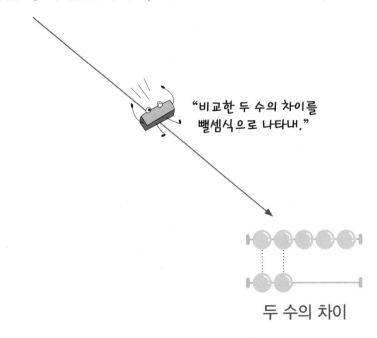

두 수의 차이

01 얼마나 남았을까? 덜어내고 남은 수를 구할 때 뺄셈을 해.

● 덜어내고 남은 구슬은 몇 개인지 뺄셈으로 알아보세요.

①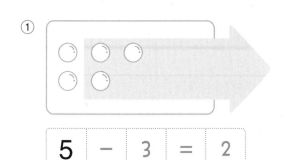

5	−	3	=	2

❶ 5개에서 ❷ 3개를 덜어내면 ❸ 2개가 남아요.

②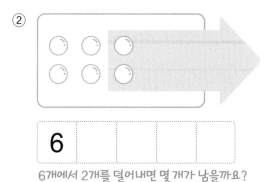

6			

6개에서 2개를 덜어내면 몇 개가 남을까요?

③

6			

④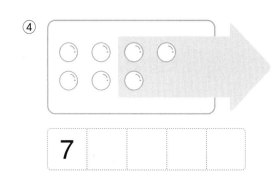

7			

⑤

8			

⑥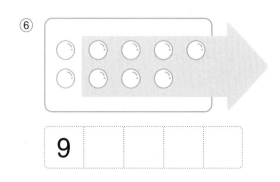

9			

⑦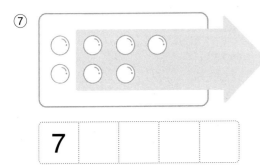

7			

⑧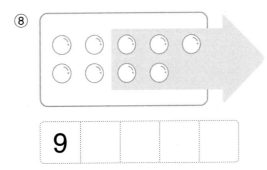

9			

⑨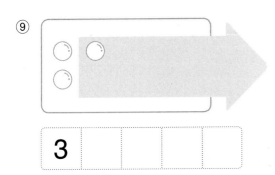

3			

⑩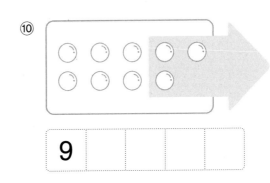

9			

⑪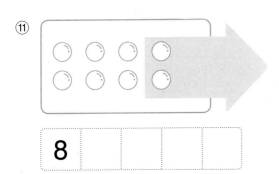

8			

⑫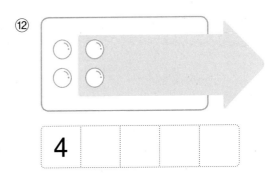

4			

빨셈의 원리

두 수의 차이를 구할 때 빨셈을 해.

02 얼마나 더 많을까?

● ◠의 수와 ◠의 수의 차이는 몇 개인지 빨셈으로 알아보세요.

①

❷ ◠가 ◠보다 3개 더 많아요.

❶ 하나씩 짝 지어 보면

5	–	2	=	3

❸ 5개와   2개의 차이는   3개예요.

②

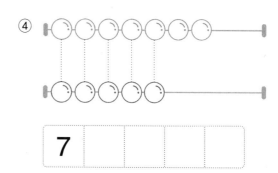

4			

4개와 3개의 차이는 몇 개일까요?

③

6			

④

7			

⑤

7			

⑥

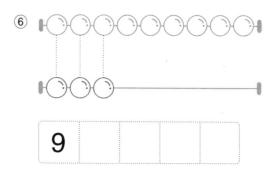

9			

⑦
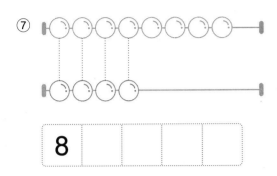

8			

⑧
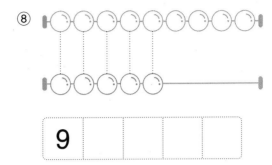

9			

⑨
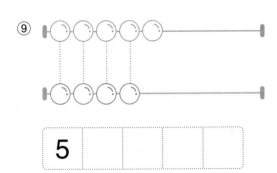

5			

⑩
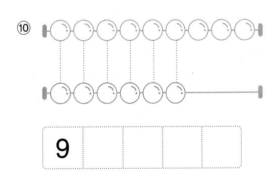

9			

⑪
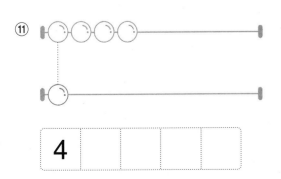

4			

⑫
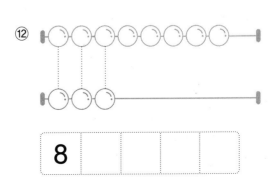

8			

03 가로셈

가로셈에서는 빼고 남은 수를 =(등호)의 오른쪽에 써.

● 빼셈을 해 보세요.

① $3 - 1 = 2$

3에서 1을 빼면 2가 돼요.

② $2 - 1 = $

③ $4 - 2 = $

④ $4 - 3 = $

⑤ $5 - 1 = $

⑥ $6 - 5 = $

⑦ $7 - 5 = $

⑧ $8 - 5 = $

⑨ $5 - 2 = $

⑩ $9 - 2 = $

⑪ $9 - 4 = $

⑫ $4 - 1 = $

⑬ 7 - 4 =

⑭ 6 - 3 =

⑮ 8 - 7 =

⑯ 5 - 4 =

⑰ 9 - 1 =

⑱ 9 - 3 =

⑲ 7 - 2 =

⑳ 9 - 6 =

㉑ 9 - 5 =

키 차이!

큰 수에서 작은 수를 뺀 것을 '차'라고 해.

㉒ 8 - 4 =

61

㉓ 8 - 2 = ☐

㉔ 6 - 4 = ☐

㉕ 8 - 3 = ☐

㉖ 7 - 3 = ☐

㉗ 9 - 7 = ☐

㉘ 8 - 6 = ☐

㉙ 8 - 1 = ☐

㉚ 5 - 3 = ☐

㉛ 9 - 8 = ☐

㉜ 6 - 2 = ☐

㉝ 3 - 2 = ☐

㉞ 6 - 1 = ☐

㉟ 8 − 7 =

㊱ 6 − 3 =

㊲ 6 − 4 =

㊳ 8 − 2 =

㊴ 4 − 3 =

㊵ 9 − 4 =

㊶ 7 − 1 =

㊷ 5 − 2 =

㊸ 6 − 5 =

㊹ 7 − 6 =

㊺ 9 − 2 =

㊻ 8 − 5 =

04 세로셈 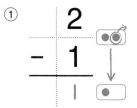 세로셈에서는 빼고 남은 수를 숫자 아래에 써.

● 빼셈을 해 보세요.

①
$$\begin{array}{r} 2 \\ -\ 1 \\ \hline \end{array}$$

2에서 1을 빼면 1이 돼요.

②
$$\begin{array}{r} 3 \\ -\ 1 \\ \hline \end{array}$$

③
$$\begin{array}{r} 4 \\ -\ 1 \\ \hline \end{array}$$

④
$$\begin{array}{r} 7 \\ -\ 3 \\ \hline \end{array}$$

⑤
$$\begin{array}{r} 3 \\ -\ 2 \\ \hline \end{array}$$

⑥
$$\begin{array}{r} 5 \\ -\ 1 \\ \hline \end{array}$$

⑦
$$\begin{array}{r} 6 \\ -\ 1 \\ \hline \end{array}$$

⑧
$$\begin{array}{r} 8 \\ -\ 2 \\ \hline \end{array}$$

⑨
$$\begin{array}{r} 7 \\ -\ 1 \\ \hline \end{array}$$

⑩
$$\begin{array}{r} 4 \\ -\ 2 \\ \hline \end{array}$$

⑪
$$\begin{array}{r} 5 \\ -\ 2 \\ \hline \end{array}$$

⑫
$$\begin{array}{r} 7 \\ -\ 6 \\ \hline \end{array}$$

⑬
$$\begin{array}{r} 6 \\ -\ 2 \\ \hline \end{array}$$

⑭
$$\begin{array}{r} 5 \\ -\ 3 \\ \hline \end{array}$$

⑮
$$\begin{array}{r} 4 \\ -\ 3 \\ \hline \end{array}$$

⑯
```
   8
 - 6
─────
```

⑰
```
   5
 - 4
─────
```

⑱
```
   6
 - 3
─────
```

⑲
```
   7
 - 2
─────
```

⑳
```
   6
 - 5
─────
```

㉑
```
   9
 - 6
─────
```

㉒
```
   8
 - 2
─────
```

㉓
```
   6
 - 4
─────
```

㉔
```
   8
 - 1
─────
```

㉕
```
   9
 - 2
─────
```

㉖
```
   6
 - 5
─────
```

㉗
```
   8
 - 3
─────
```

㉘
```
   9
 - 7
─────
```

㉙
```
   9
 - 3
─────
```

㉚
```
   8
 - 4
─────
```

③

```
    7
-   5
─────
```

③

```
    9
-   5
─────
```

③

```
    8
-   5
─────
```

④

```
    7
-   4
─────
```

⑤

```
    8
-   7
─────
```

⑥

```
    9
-   8
─────
```

⑦

```
    7
-   3
─────
```

⑧

```
    8
-   6
─────
```

⑨

```
    9
-   4
─────
```

④

```
    9
-   1
─────
```

④

```
    3
-   1
─────
```

④

```
    7
-   1
─────
```

④

```
    4
-   3
─────
```

④

```
    8
-   3
─────
```

④

```
    5
-   2
─────
```

㊻
```
   5
-  1
─────
```

㊼
```
   3
-  2
─────
```

㊽
```
   6
-  3
─────
```

㊾
```
   9
-  6
─────
```

㊿
```
   8
-  2
─────
```

(51)
```
   7
-  6
─────
```

(52)
```
   6
-  2
─────
```

(53)
```
   2
-  1
─────
```

(54)
```
   4
-  2
─────
```

(55)
```
   5
-  4
─────
```

(56)
```
   5
-  3
─────
```

(57)
```
   7
-  2
─────
```

(58)
```
   6
-  1
─────
```

(59)
```
   9
-  7
─────
```

(60)
```
   4
-  1
─────
```

0은 빼나 마나야.

05 0을 빼거나 전체를 빼기

● 빼셈을 해 보세요.

① 1 - 0 = |

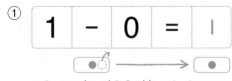

0은 아무것도 없음을 말해 주는 숫자예요.

② 3 - 0 =

③ 2 - 0 =

④ 4 - 0 =

⑤ 7 - 0 =

⑥ 5 - 0 =

⑦ 6 - 0 =

⑧ 9 - 0 =

⑨ 2 - 2 =

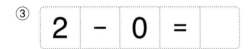

자기 자신을 빼면 아무것도 남지 않아요.

⑩ 5 - 5 =

⑪ 9 - 9 =

⑫ 4 - 4 =

⑬ 6 - 6 =

⑭ 3 - 3 =

⑮ 8 - 8 =

⑯ 7 - 7 =

06 다르면서 같은 뺄셈

식이 다른데 답은 왜 같을까?

● 뺄셈을 해 보세요.

① 2-1=
 3-2=

커지는 만큼   커져요.

② 4-1=
 5-2=

③ 7-5=
 8-6=

④ 7-3=
 8-4=

⑤ 5-2=
 6-3=

⑥ 6-5=
 7-6=

⑦ 4-3=
 6-5=

⑧ 7-2=
 9-4=

⑨ 5-3=
 7-5=

⑩ 6-2=
 8-4=

⑪ 7-4=
 9-6=

⑫ 3-1=
 5-3=

⑬ 9 - 3 =

8 - 2 =

작아지는 만큼 작아져요.

⑭ 7 - 4 =

6 - 3 =

⑮ 9 - 1 =

8 - 0 =

⑯ 7 - 5 =

6 - 4 =

⑰ 5 - 3 =

4 - 2 =

⑱ 6 - 4 =

5 - 3 =

⑲ 8 - 3 =

6 - 1 =

⑳ 7 - 2 =

5 - 0 =

㉑ 4 - 3 =

2 - 1 =

㉒ 6 - 4 =

4 - 2 =

㉓ 9 - 5 =

7 - 3 =

㉔ 8 - 5 =

6 - 3 =

빼지는 수의 크기에 따라 **답이 어떻게 달라지는지 살펴봐.**

07 꼭대기에 있는 수 빼기

● 꼭대기에 있는 수를 빼어 오른쪽 빈칸에 알맞은 수를 써 보세요.

①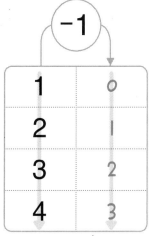

−1	
1	o
2	l
3	2
4	3

빼지는 수가 차도 1씩
1씩 커지면 커져요.

②

−2	
3	
4	
5	
6	

③

−3	
6	
7	
8	
9	

④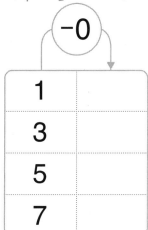

−0	
1	
3	
5	
7	

⑤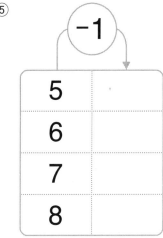

−1	
5	
6	
7	
8	

⑥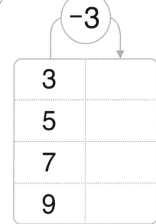

−3	
3	
5	
7	
9	

⑦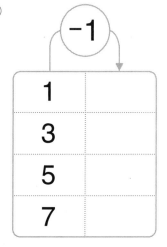

−1	
1	
3	
5	
7	

⑧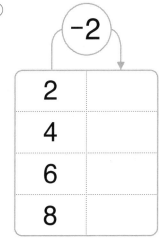

−2	
2	
4	
6	
8	

⑨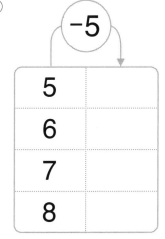

−5	
5	
6	
7	
8	

빼지는 수의 크기에 따라 **답이 어떻게 달라지는지** 살펴봐.

⑩
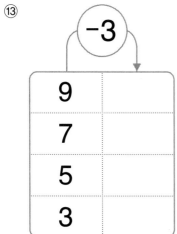

빼지는 수가 1씩 작아지면 차는 어떻게 될까요?

⑪

⑫
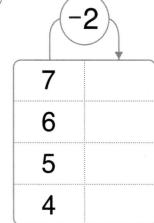

⑬

⑭
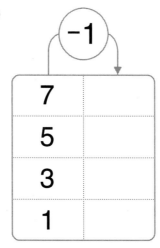

⑮
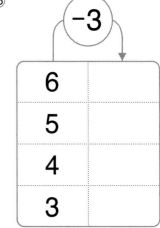

⑯

⑰
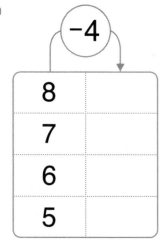

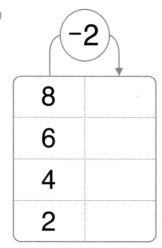

⑱
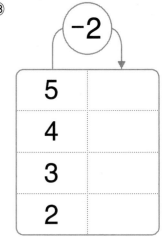

08 차가 같도록 묶기 큰 수에서 작은 수를 빼 가며 차를 구해 봐.

● 차가 같도록 두 수씩 묶어 보세요. (단, 답은 여러 가지가 될 수 있습니다.)

① 〈예〉

3-1=2   4-2=2

1
2
3
4

1과3, 2와4를 묶어요.

1과2, 3과4를 묶어도 돼요.

②
4   3
5   2

③
5
0
3   2

④
9   6
8   5

⑤
8   6
1
3

⑥
8
9
6
7

⑦
1   6
4   3

⑧
9   7
3
5

⑨
4
9
3   8

⑩
7   8
1
2

⑪
4
6
5
3

⑫
4   8
7   5

빽셈의 감각

09 수를 뺄셈식으로 나타내기

● 수를 뺄셈식으로 나타내 보세요. (단, 답은 여러 가지가 될 수 있습니다.)

① 2 = _예 3 − 1 ●●∅

② 2 = _예 4 − 2 ●●∅∅

2=5−3, 2=2−0, … 등도 답이 될 수 있어요.

② 8 = _____ − _____

8 = _____ − _____

③ 3 = _____ − _____

3 = _____ − _____

④ 4 = _____ − _____

4 = _____ − _____

⑤ 5 = _____ − _____

5 = _____ − _____

⑥ 6 = _____ − _____

6 = _____ − _____

⑦ 1 = _____ − _____

1 = _____ − _____

⑧ 7 = _____ − _____

7 = _____ − _____

⑨ 2 = _____ − _____

2 = _____ − _____

⑩ 0 = _____ − _____

0 = _____ − _____

처음 수보다 커졌으면 더한 것이고, 작아졌으면 뺀 거야.

10 +, − 기호 넣기

● ▢ 안에 +, −를 알맞게 써 보세요.

① 2 + 1 = 3 2에서 3으로 커졌어요.

  2 − 1 = 1 2에서 1로 작아졌어요.

② 3 ▢ 1 = 4

  3 ▢ 1 = 2

③ 4 ▢ 2 = 2

  4 ▢ 2 = 6

④ 5 ▢ 4 = 9

  5 ▢ 4 = 1

⑤ 4 ▢ 1 = 5

  4 ▢ 1 = 3

⑥ 7 ▢ 2 = 5

  7 ▢ 2 = 9

⑦ 6 ▢ 3 = 9

  6 ▢ 3 = 3

⑧ 8 ▢ 1 = 9

  8 ▢ 1 = 7

⑨ 5 ▢ 3 = 2

  5 ▢ 3 = 8

⑩ 4 ▢ 4 = 0

  4 ▢ 4 = 8

11 양쪽을 같게 만들기 '='의 양쪽은 같아.

● '='의 양쪽이 같게 되도록 ☐ 안에 알맞은 수를 써 보세요.

① $4 - 1 = 1 + \boxed{2}$

❶ 4−1=3   ❷ 3이 되려면 1에 2를 더해야 해요.

② $7 - 3 = \boxed{} + 1$

❶ 7−3=4   ❷ 4가 되려면 몇에 1을 더해야 할까요?

③ $9 - 3 = 1 + \boxed{}$

④ $9 - 5 = \boxed{} + 3$

⑤ $8 - 5 = 2 + \boxed{}$

⑥ $6 - 4 = \boxed{} + 2$

⑦ $8 - 4 = 2 + \boxed{}$

⑧ $8 - 1 = \boxed{} + 2$

= (등호)는 수평인 저울처럼 양쪽이 같다는 뜻이야.

$$\boxed{\begin{array}{c} 4 \\ \hline 5-1 \end{array}} = \boxed{\begin{array}{c} 4 \\ \hline 1+3 \end{array}}$$

⑨ $7 - 2 = 1 + \boxed{}$

⑩ $8-2 = \boxed{} + 1$

⑪ $6-3 = 3 + \boxed{}$

⑫ $9-4 = \boxed{} + 2$

⑬ $9-1 = 3 + \boxed{}$

⑭ $6-2 = \boxed{} + 3$

⑮ $8-3 = 0 + \boxed{}$

⑯ $7-1 = \boxed{} + 2$

⑰ $9-2 = 5 + \boxed{}$

⑱ $5-2 = \boxed{} + 2$

⑲ $7-4 = 2 + \boxed{}$

덧셈과 뺄셈의 관계

덧셈식을 뺄셈식으로, 뺄셈식을 덧셈식으로!

5 + 2 = 7

2 + 5 = 7

7 - 5 = 2

7 - 2 = 5

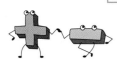 "덧셈식을 만들 수 있는 세 수로 뺄셈식도 만들 수 있어."

세 수로만 된 덧셈식과 뺄셈식을 알아보자.

01 세 수로 덧셈, 뺄셈하기

● 세 수를 사용하여 덧셈과 뺄셈을 해 보세요.

①
2	3	5

$2+3=$ ___ 5

$3+2=$ ___ 5

⟩ 가장 큰 수가 되도록 나머지 두 수를 더해요.

$5-2=$ ___ 3

$5-3=$ ___ 2

⟩ 가장 큰 수에서 한 수를 빼면 나머지 수가 돼요.

②
1	5	6

$1+5=$ ___

$5+1=$ ___

$6-1=$ ___

$6-5=$ ___

③
2	4	6

$2+4=$ ___

$4+2=$ ___

$6-2=$ ___

$6-4=$ ___

④
4	3	7

$4+3=$ ___

$3+4=$ ___

$7-4=$ ___

$7-3=$ ___

⑤
4	5	9

$4+5=$ ___

$5+4=$ ___

$9-4=$ ___

$9-5=$ ___

⑥
6	2	8

$6+2=$ ___

$2+6=$ ___

$8-6=$ ___

$8-2=$ ___

⑦

| 8 | 1 | 9 |

8+1 = _____

1+8 = _____

9−8 = _____

9−1 = _____

⑧

| 2 | 5 | 7 |

2+5 = _____

5+2 = _____

7−2 = _____

7−5 = _____

⑨

| 3 | 5 | 8 |

3+5 = _____

5+3 = _____

8−3 = _____

8−5 = _____

⑩

| 3 | 1 | 4 |

3+1 = _____

1+3 = _____

4−3 = _____

4−1 = _____

⑪

| 4 | 1 | 5 |

4+1 = _____

1+4 = _____

5−4 = _____

5−1 = _____

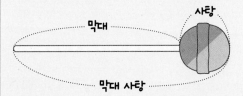

막대 사탕으로 만들 수 있는 식 4가지

사탕
막대
막대 사탕

덧셈식: 막대 + 사탕 = 막대 사탕, 사탕 + 막대 = 막대 사탕
뺄셈식: 막대 사탕 − 막대 = 사탕, 막대 사탕 − 사탕 = 막대

⑫

| 2 | 7 | 9 |

2+7 = _____

7+2 = _____

9-2 = _____

9-7 = _____

⑬

| 3 | 2 | 5 |

3+2 = _____

2+3 = _____

5-3 = _____

5-2 = _____

⑭

| 2 | 1 | 3 |

2+1 = _____

1+2 = _____

3-2 = _____

3-1 = _____

⑮

| 1 | 6 | 7 |

1+6 = _____

6+1 = _____

7-1 = _____

7-6 = _____

⑯

| 3 | 6 | 9 |

3+6 = _____

6+3 = _____

9-3 = _____

9-6 = _____

⑰

| 7 | 1 | 8 |

7+1 = _____

1+7 = _____

8-7 = _____

8-1 = _____

덧셈과 뺄셈의 성질

02 답이 맞았는지 확인하기

● 계산하고 답이 맞았는지 거꾸로 계산하여 확인해 보세요.

① 3+2 = ___5___   ❶ 3+2를 계산해요.

↓ ❷ 답을 그대로 써요.

___5___ −2 = ___3___   ❸ 더했던 2를 다시 빼요.
→ 처음 수가 되었으므로
덧셈을 바르게 계산했어요.

② 1+6 = _____

↓

_____ −6 = _____

③ 3+6 = _____

↓

_____ −6 = _____

④ 5+3 = _____

↓

_____ −3 = _____

⑤ 2+7 = _____

↓

_____ −7 = _____

⑥ 5+1 = _____

↓

_____ −1 = _____

⑦ 3+4 = _____

↓

_____ −4 = _____

⑧ 4+2 = _____

↓

_____ −2 = _____

⑨ 5+2=＿＿＿

↓

＿＿＿ -2=＿＿＿

⑩ 2+6=＿＿＿

↓

＿＿＿ -6=＿＿＿

⑪ 4+5=＿＿＿

↓

＿＿＿ -5=＿＿＿

⑫ 1+4=＿＿＿

↓

＿＿＿ -4=＿＿＿

⑬ 6-4=＿＿＿

❶ 6-4를 계산해요.

↓ ❷ 답을 그대로 써요.

＿＿＿ +4=

❸ 뺐던 4를 다시 더해요.
→ 처음 수가 되면
뺄셈을 바르게 한 거예요.

⑭ 7-5=＿＿＿

↓

＿＿＿ +5=＿＿＿

⑮ 8-2=＿＿＿

↓

＿＿＿ +2=＿＿＿

⑯ 9-1=＿＿＿

↓

＿＿＿ +1=＿＿＿

⑰ 8−1 = ＿＿＿＿
↓
＿＿＿＿ +1 = ＿＿＿＿

⑱ 9−2 = ＿＿＿＿
↓
＿＿＿＿ +2 = ＿＿＿＿

⑲ 5−3 = ＿＿＿＿
↓
＿＿＿＿ +3 = ＿＿＿＿

⑳ 9−8 = ＿＿＿＿
↓
＿＿＿＿ +8 = ＿＿＿＿

㉑ 7−3 = ＿＿＿＿
↓
＿＿＿＿ +3 = ＿＿＿＿

㉒ 8−5 = ＿＿＿＿
↓
＿＿＿＿ +5 = ＿＿＿＿

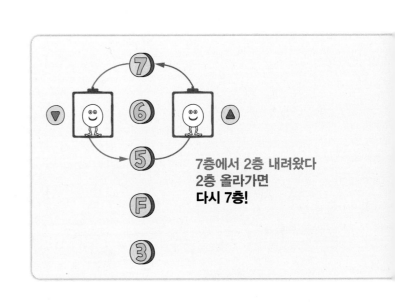

7층에서 2층 내려왔다
2층 올라가면
다시 7층!

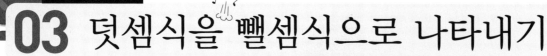

더했던 수를 다시 빼 보자.

03 덧셈식을 뺄셈식으로 나타내기

덧셈과 뺄셈의 성질

● 덧셈식을 뺄셈식으로 나타내 보세요.

① $1+5=\boxed{6}$
$6-5=\boxed{1}$
$6-1=\boxed{5}$

❶ 덧셈을 하면 더한 두 수보다 큰 수가 돼요.
❷ 큰 수에서 한 수를 빼면 나머지 수가 돼요.

② $3+2=\boxed{}$
$5-2=\boxed{}$
$5-3=\boxed{}$

③ $3+5=\boxed{}$
$8-5=\boxed{}$
$8-3=\boxed{}$

④ $6+1=\boxed{}$
$7-1=\boxed{}$
$7-6=\boxed{}$

⑤ $2+7=\boxed{}$
$9-7=\boxed{}$
$9-2=\boxed{}$

⑥ $3+4=\boxed{}$
$7-4=\boxed{}$
$7-3=\boxed{}$

⑦ $1+7=\boxed{}$
$8-7=\boxed{}$
$8-1=\boxed{}$

⑧ $6+3=\boxed{}$
$9-3=\boxed{}$
$9-6=\boxed{}$

⑨ $4+5=\boxed{}$
$9-5=\boxed{}$
$9-4=\boxed{}$

⑩ $2+4=\boxed{}$
$6-4=\boxed{}$
$6-2=\boxed{}$

⑪ $1+6=\boxed{}$
$7-\boxed{}=1$
$7-\boxed{}=6$

⑫ $7+2=\boxed{}$
$9-\boxed{}=7$
$9-\boxed{}=2$

⑬ $8+1=\boxed{}$
$9-\boxed{}=8$
$9-\boxed{}=1$

⑭ $5+2=\boxed{}$
$7-\boxed{}=5$
$7-\boxed{}=2$

⑮ $5+1=\boxed{}$
$6-\boxed{}=5$
$6-\boxed{}=1$

⑯ $4+3=\boxed{}$
$7-\boxed{}=4$
$7-\boxed{}=3$

⑰ 3+1=☐ 　4-☐=3
　　　　　 4-☐=1

⑱ 2+6=☐ 　8-☐=2
　　　　　 8-☐=6

⑲ 4+2=☐ 　6-2=☐
　　　　　 6-4=☐

⑳ 1+2=☐ 　3-2=☐
　　　　　 3-1=☐

㉑ 2+3=☐ 　5-3=☐
　　　　　 5-2=☐

㉒ 5+3=☐ 　8-3=☐
　　　　　 8-5=☐

㉓ 7+1=☐ 　8-☐=7
　　　　　 8-☐=1

㉔ 1+8=☐ 　9-8=☐
　　　　　 9-1=☐

㉕ $2+1=\boxed{}$
$3-\boxed{}=2$
$3-\boxed{}=1$

㉖ $2+5=\boxed{}$
$7-\boxed{}=2$
$7-\boxed{}=5$

㉗ $5+4=\boxed{}$
$9-\boxed{}=5$
$9-\boxed{}=4$

㉘ $4+1=\boxed{}$
$5-\boxed{}=4$
$5-\boxed{}=1$

㉙ $6+2=\boxed{}$
$8-\boxed{}=6$
$8-\boxed{}=2$

㉚ $3+6=\boxed{}$
$9-6=\boxed{}$
$9-3=\boxed{}$

㉛ $3+3=\boxed{}-6-\boxed{}=3$

㉜ $4+4=\boxed{}-8-\boxed{}=4$

뺐던 수를 다시 더해 보자.

04 뺄셈식을 덧셈식으로 나타내기

● 뺄셈식을 덧셈식으로 나타내 보세요.

① $8 - 7 = \boxed{1}$

❶ 큰 수에서 작은 수를 빼서 나머지 작은 수를 구해요.

$1 + 7 = \boxed{8}$

$7 + 1 = \boxed{8}$

❷ 작은 수와 나머지 작은 수를 더하면 큰 수가 돼요.

큰 수 ─ 작은 수 = 나머지 작은 수

작은 수 ＋ 나머지 작은 수 = 큰 수

② $6 - 2 = \boxed{}$

$4 + 2 = \boxed{}$

$2 + 4 = \boxed{}$

③ $8 - 5 = \boxed{}$

$3 + 5 = \boxed{}$

$5 + 3 = \boxed{}$

④ $4 - 1 = \boxed{}$

$3 + 1 = \boxed{}$

$1 + 3 = \boxed{}$

⑤ $8 - 2 = \boxed{}$

$6 + 2 = \boxed{}$

$2 + 6 = \boxed{}$

⑥ $7 - 1 = \boxed{}$

$6 + 1 = \boxed{}$

$1 + 6 = \boxed{}$

⑦ $6 - 4 = \boxed{}$

$2 + 4 = \boxed{}$

$4 + 2 = \boxed{}$

⑧ 5 − 2 = ☐ < 3 + 2 = ☐
2 + 3 = ☐

⑨ 3 − 1 = ☐ < 2 + 1 = ☐
1 + 2 = ☐

⑩ 8 − 3 = ☐ < 5 + ☐ = 8
3 + ☐ = 8

⑪ 4 − 3 = ☐ < 1 + ☐ = 4
3 + ☐ = 4

⑫ 9 − 7 = ☐ < 2 + ☐ = 9
7 + ☐ = 9

⑬ 9 − 3 = ☐ < 6 + ☐ = 9
3 + ☐ = 9

⑭ 7 − 3 = ☐ < 4 + ☐ = 7
3 + ☐ = 7

⑮ 7 − 2 = ☐ < 5 + ☐ = 7
2 + ☐ = 7

⑯ $8-6=$ ☐
$2+$ ☐ $=8$
$6+$ ☐ $=8$

⑰ $9-1=$ ☐
$8+$ ☐ $=9$
$1+$ ☐ $=9$

⑱ $5-1=$ ☐
$4+$ ☐ $=5$
$1+$ ☐ $=5$

⑲ $6-5=$ ☐
$1+$ ☐ $=6$
$5+$ ☐ $=6$

⑳ $8-1=$ ☐
$7+1=$ ☐
$1+7=$ ☐

㉑ $9-4=$ ☐
$5+4=$ ☐
$4+5=$ ☐

㉒ $7-4=$ ☐
$3+4=$ ☐
$4+3=$ ☐

㉓ $9-6=$ ☐
$3+6=$ ☐
$6+3=$ ☐

㉔ $9-8=\boxed{}$

$1+8=\boxed{}$

$8+1=\boxed{}$

㉕ $7-6=\boxed{}$

$1+6=\boxed{}$

$6+1=\boxed{}$

㉖ $3-2=\boxed{}$

$1+\boxed{}=3$

$2+\boxed{}=3$

㉗ $5-3=\boxed{}$

$2+\boxed{}=5$

$3+\boxed{}=5$

㉘ $9-5=\boxed{}$

$4+\boxed{}=9$

$5+\boxed{}=9$

㉙ $7-5=\boxed{}$

$2+\boxed{}=7$

$5+\boxed{}=7$

㉚ $9-2=\boxed{}$

$7+\boxed{}=9$

$2+\boxed{}=9$

㉛ $6-1=\boxed{}$

$5+\boxed{}=6$

$1+\boxed{}=6$

05 빈칸에 알맞은 수 구하기

모르는 수가 답이 되는 식을 만들어 보자.

● 빈칸에 알맞은 수를 써 보세요.

① 1 + $\boxed{6}$ = 7 ❶ 작은 두 수를 더하면 큰 수가 되니까

➡ $\underline{\quad 7 \quad}$ – $\underline{\quad 1 \quad}$ = $\boxed{6}$

❷ 큰 수에서 작은 한 수를 빼면 나머지 작은 수가 돼요.

② 2 + $\boxed{}$ = 5

➡ $\underline{\quad 5 \quad}$ – $\underline{\qquad}$ = $\boxed{}$

③ 1 + $\boxed{}$ = 5

➡ $\underline{\quad 5 \quad}$ – $\underline{\qquad}$ = $\boxed{}$

④ 6 + $\boxed{}$ = 8

➡ $\underline{\quad 8 \quad}$ – $\underline{\qquad}$ = $\boxed{}$

⑤ $\boxed{}$ + 1 = 8

➡ $\underline{\qquad}$ – $\underline{\quad 1 \quad}$ = $\boxed{}$

⑥ $\boxed{}$ + 1 = 4

➡ $\underline{\qquad}$ – $\underline{\quad 1 \quad}$ = $\boxed{}$

⑦ $\boxed{}$ + 3 = 7

➡ $\underline{\qquad}$ – $\underline{\quad 3 \quad}$ = $\boxed{}$

⑧ $\boxed{}$ + 3 = 6

➡ $\underline{\qquad}$ – $\underline{\quad 3 \quad}$ = $\boxed{}$

⑨ $9 - \boxed{} = 3$ 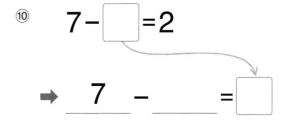 ❶ 큰 수에서 작은 한 수를 빼면
나머지 작은 수가 되니까

➡ $\underline{\quad9\quad} - \underline{\quad\quad} = \boxed{}$

❷ 큰 수에서 나머지 작은 수를 빼서 작은 한 수를 구해요.

⑩ $7 - \boxed{} = 2$

➡ $\underline{\quad7\quad} - \underline{\quad\quad} = \boxed{}$

⑪ $8 - \boxed{} = 6$

➡ $\underline{\quad8\quad} - \underline{\quad\quad} = \boxed{}$

⑫ $6 - \boxed{} = 6$

➡ $\underline{\quad6\quad} - \underline{\quad\quad} = \boxed{}$

⑬ $\boxed{} - 2 = 2$

➡ $\underline{\quad2\quad} + \underline{\quad\quad} = \boxed{}$

작은 두 수를 더하면 큰 수가 돼요.

⑭ $\boxed{} - 5 = 3$

➡ $\underline{\quad3\quad} + \underline{\quad\quad} = \boxed{}$

⑮ $\boxed{} - 2 = 6$

➡ $\underline{\quad6\quad} + \underline{\quad\quad} = \boxed{}$

⑯ $\boxed{} - 5 = 4$

➡ $\underline{\quad4\quad} + \underline{\quad\quad} = \boxed{}$

전체는 파란 끈과 빨간 끈으로 이루어져 있어.

06 세 수로 덧셈식, 뺄셈식 만들기

● 세 수를 이용하여 덧셈식과 뺄셈식을 만들어 보세요.

파란 끈과 빨간 끈의 길이를 더하면 전체 길이가 돼요.

①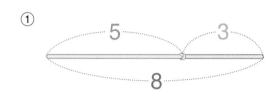

$5 + 3 = 8$, $3 + 5 = 8$

$8 - 3 = 5$, $8 - 5 = 3$

전체 길이에서 한 끈의 길이를 빼면 다른 끈의 길이가 남아요.

②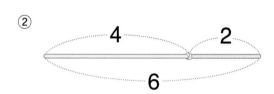

_____ + _____ = _____ , _____ + _____ = _____

_____ − _____ = _____ , _____ − _____ = _____

③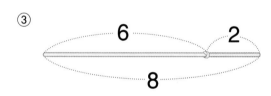

_____ + _____ = _____ , _____ + _____ = _____

_____ − _____ = _____ , _____ − _____ = _____

④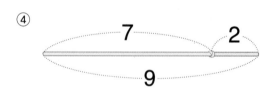

_____ + _____ = _____ , _____ + _____ = _____

_____ − _____ = _____ , _____ − _____ = _____

⑤

_____ + _____ = _____ , _____ + _____ = _____

_____ − _____ = _____ , _____ − _____ = _____

⑥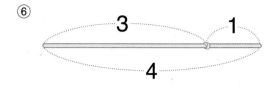

_____ + _____ = _____ , _____ + _____ = _____

_____ − _____ = _____ , _____ − _____ = _____

⑦

_____ + _____ = _____ , _____ + _____ = _____

_____ − _____ = _____ , _____ − _____ = _____

⑧

_____ + _____ = _____ , _____ + _____ = _____

_____ − _____ = _____ , _____ − _____ = _____

⑨

_____ + _____ = _____ , _____ + _____ = _____

_____ − _____ = _____ , _____ − _____ = _____

⑩

_____ + _____ = _____ , _____ + _____ = _____

_____ − _____ = _____ , _____ − _____ = _____

N5 10을 가르기하고 모으기하기

구슬 10개로 10이 되는 수 짝꿍을 알아보자!

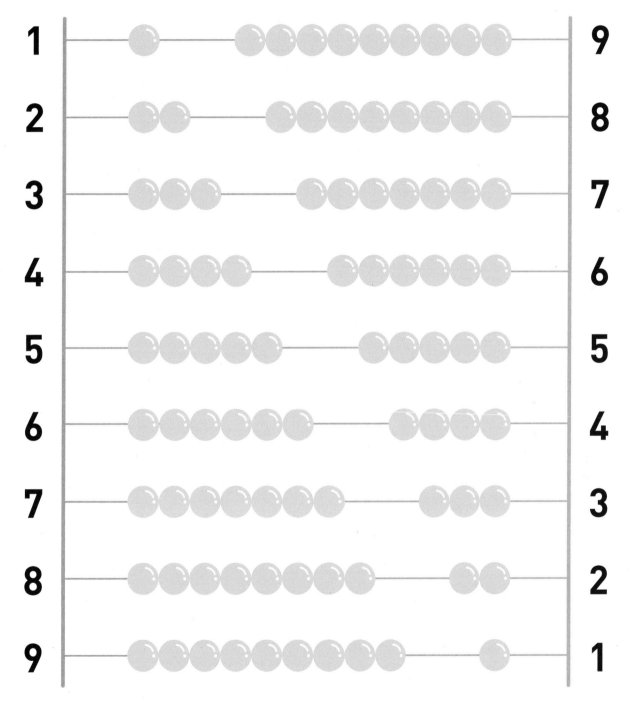

1		9
2		8
3		7
4		6
5		5
6		4
7		3
8		2
9		1

"10이 되는 수 짝꿍들을 알면 한 짝만 있을 때 나머지 짝을 쉽게 찾을 수 있어."

블록 10개를 둘로 나누어 봐.

블록 10개를 가르기하기

● 블록 10개를 둘로 가르기하였습니다. ☐ 안에 알맞은 수를 써 보세요.

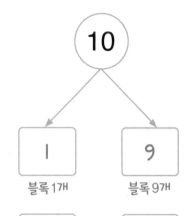

10

1 → ❶ 블록 1개와 → ❷ 블록 9개로 가르기를 할 수 있어요.

①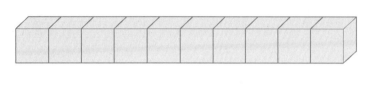

1	9
블록 1개   블록 9개

②

③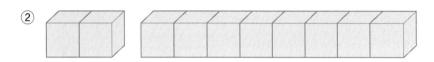

④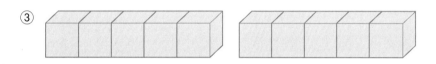

⑤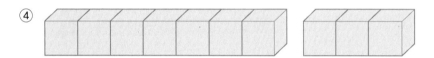

⑥

⑦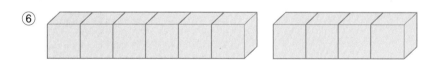

⑧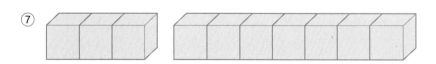

10개의 블록 중에서 숨겨져 있는 블록 수를 알아봐.

블록이 10개가 되도록 모으기하기

● 블록이 몇 개 더 있어야 10개가 되는지 □ 안에 알맞은 수를 써 보세요.

①

| 9 | I |

블록이 9개 있으므로 10개가 되려면 블록이 1개 더 필요해요.

숨겨진 블록 1개

②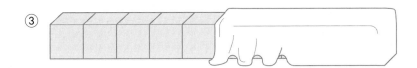

| 8 | |

③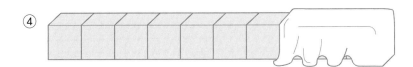

| 5 | |

④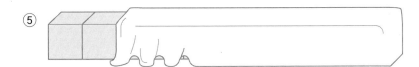

| 7 | |

⑤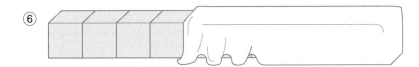

| 2 | |

⑥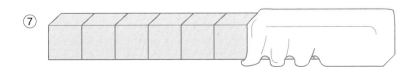

| 4 | |

⑦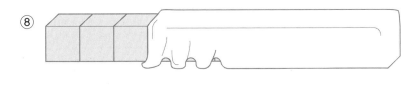

| 6 | |

⑧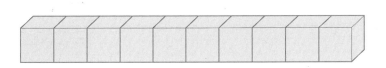

| 3 | |

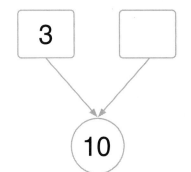

10

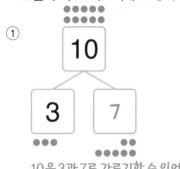
● 10을 두 수로 가르기해 보세요.

①
10

3   7

10은 3과 7로 가르기할 수 있어요.

②
10

1   [ ]

③
10

4   [ ]

④
10

5   [ ]

⑤
10

2   [ ]

⑥
10

9   [ ]

⑦
10

8   [ ]

⑧
10

7   [ ]

⑨
10

6   [ ]

⑩
10

4   [ ]

⑪
10

5   [ ]

⑫
10

3   [ ]

⑬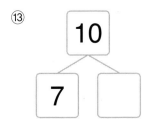

⑭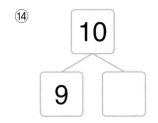

⑮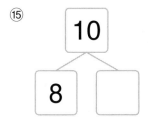

⑯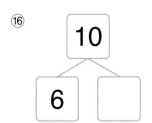

⑰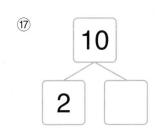

⑱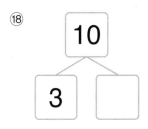

⑲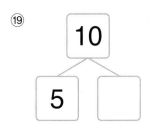

⑳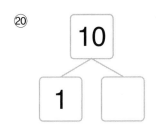

㉑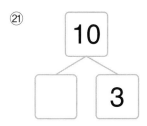

㉒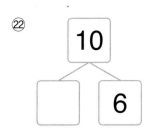

㉓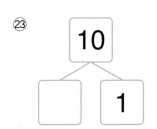

㉔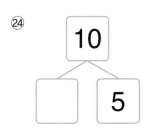

㉕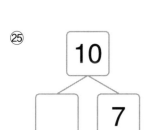

㉖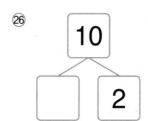

㉗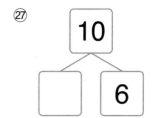

㉘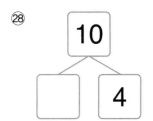

㉙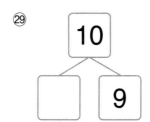

㉚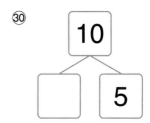

㉛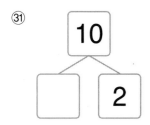

㉜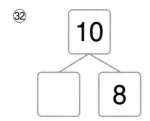

㉝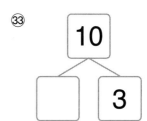

㉞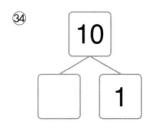

㉟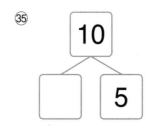

㊱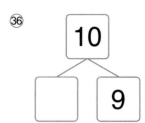

N 04 10이 되도록 모으기하기

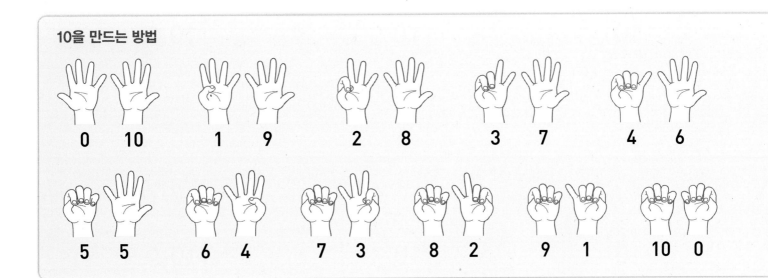

10이 되는 수 짝꿍을 모으기해 보자.

● 10이 되도록 두 수를 모으기해 보세요.

①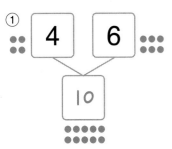

4와 6을 모으기하면 10이 돼요.

②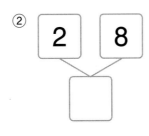

③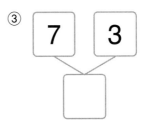

④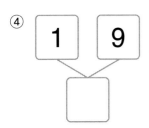

⑤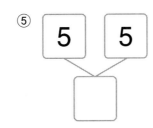

⑥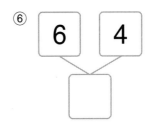

⑦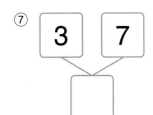

⑧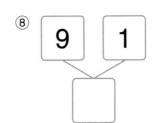

⑨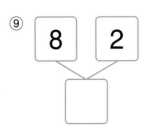

10을 만드는 방법

| 0 | 10 | 1 | 9 | 2 | 8 | 3 | 7 | 4 | 6 |

| 5 | 5 | 6 | 4 | 7 | 3 | 8 | 2 | 9 | 1 | 10 | 0 |

10이 되는 수 짝꿍을 모으기해 보자.

⑩

| | 3 |

10

3과 몇을 모으기해야 10이
되는지 알아봐요.

⑪

| | 6 |

10

⑫

| | 8 |

10

⑬

| | 5 |

10

⑭

| | 7 |

10

⑮

| | 9 |

10

⑯

| | 1 |

10

⑰

| | 2 |

10

⑱

| | 3 |

10

⑲

| | 5 |

10

⑳

| | 4 |

10

㉑

| | 7 |

10

106

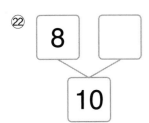

㉒　8　☐
　　10

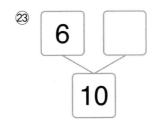

㉓　6　☐
　　10

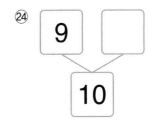

㉔　9　☐
　　10

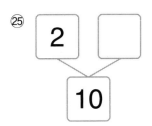

㉕　2　☐
　　10

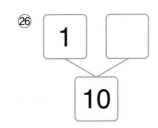

㉖　1　☐
　　10

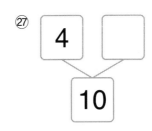

㉗　4　☐
　　10

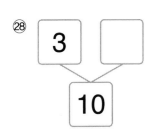

㉘　3　☐
　　10

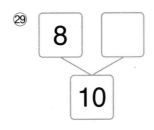

㉙　8　☐
　　10

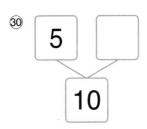

㉚　5　☐
　　10

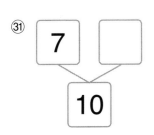

㉛　7　☐
　　10

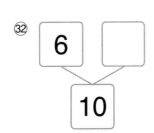

㉜　6　☐
　　10

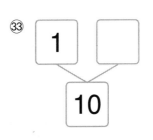

㉝　1　☐
　　10

N05 세 수로 가르기하기

두 수 가르기하는 것처럼 생각해 봐.

● 10을 세 수로 가르기해 보세요.

①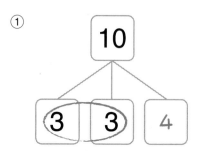

❶ 3과 3을 모으기
하면 6이에요.　❷ 10은 6과 4로
가르기할 수 있어요.

②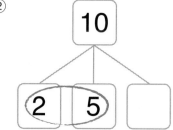

❶ 2와 5를 모으기
하면 7이에요.　❷ 10은 7과 몇으로
가르기할 수 있나요?

③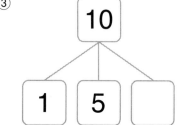

④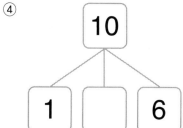

⑤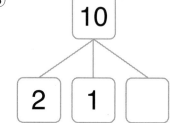

⑥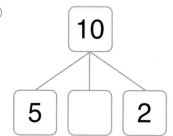

⑦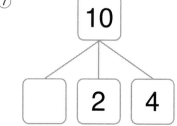

⑧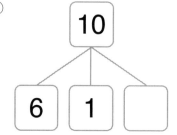

⑨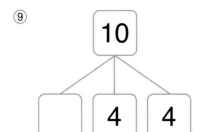

⑩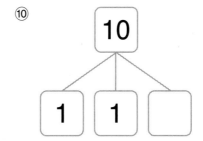

⑪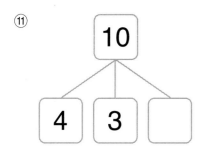

⑫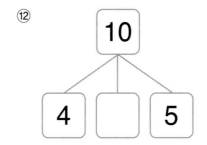

⑬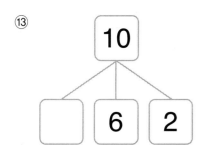

⑭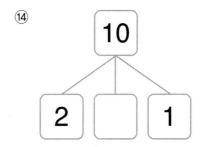

⑮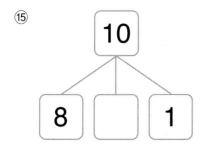

⑯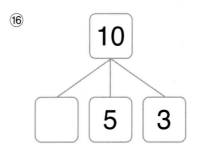

N 06 세 수를 모으기하기

두 수 모으기를 한 번 더 해 봐.

● 10이 되도록 세 수를 모으기해 보세요.

❶ 2와 6을 모으기하면 8이에요.

① 2 6 2

❷ 10이 되려면
8과 2를 모으기해야 해요.

10

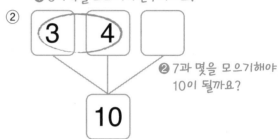

❶ 3과 4를 모으기하면 7이에요.

② 3 4

❷ 7과 몇을 모으기해야
10이 될까요?

10

③ 1 8

10

④ 7 2

10

⑤ 2 5

10

⑥ 4 5

10

⑦ 6 3

10

⑧ 4 2

10

⑨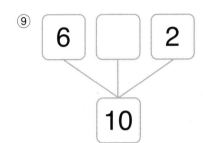

⑩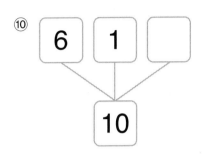

⑪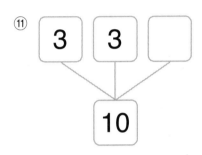

⑫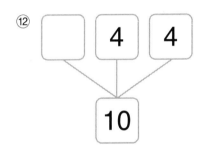

⑬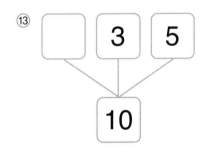

⑭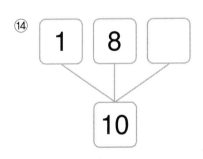

⑮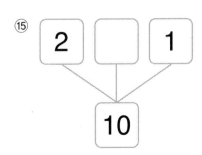

⑯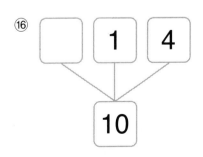

N07 연달아 가르기하고 모으기하기

● 빈칸에 알맞은 수를 써 보세요.

①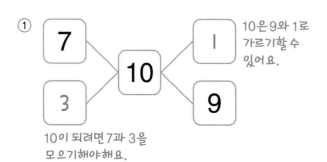

10은 9와 1로 가르기할 수 있어요.

10이 되려면 7과 3을 모으기해야해요.

② 8과 몇을 모으기해야 10이 될까요?

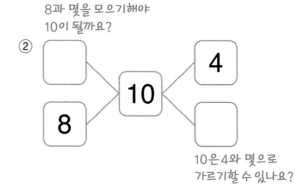

10은 4와 몇으로 가르기할 수 있나요?

③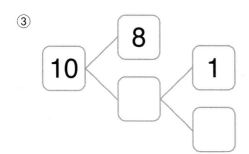

④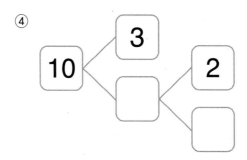

⑤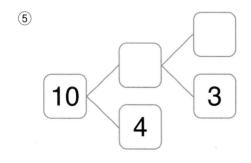

⑥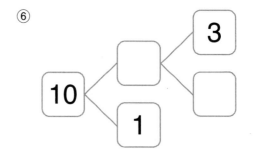

⑦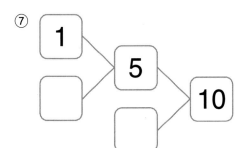

⑧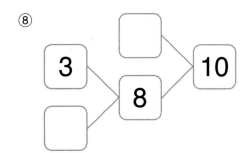

⑨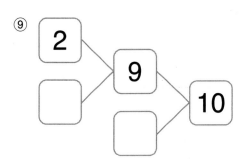

⑩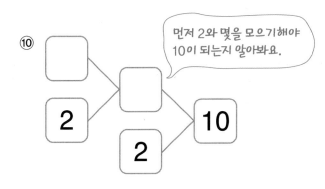

먼저 2와 몇을 모으기해야 10이 되는지 알아봐요.

⑪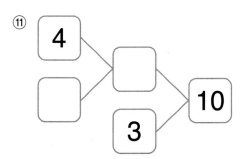

⑫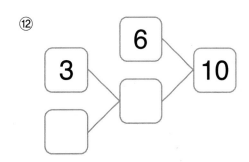

⑬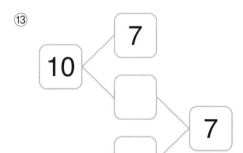

⑭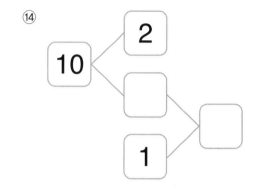

⑮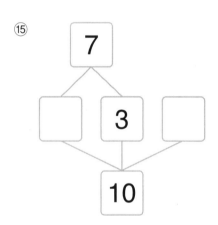

⑯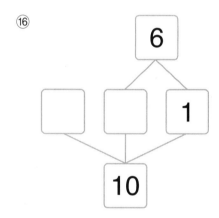

⑰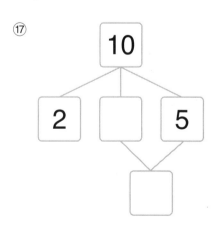

⑱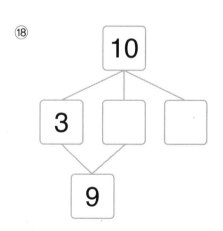

수 감각

N 08 여러 가지 방법으로 가르기하거나 모으기하기

● 10을 여러 가지 방법으로 가르기하거나 모으기해 보세요. (단, 답은 여러 가지가 될 수 있습니다.)

①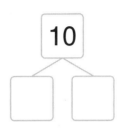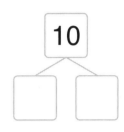

10은 1과 9로 가르기할 수 있어요.

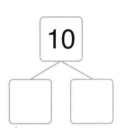 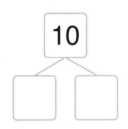 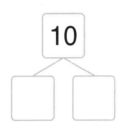 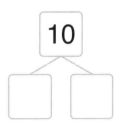

②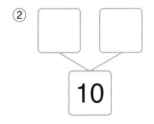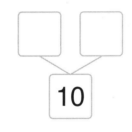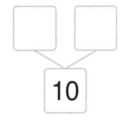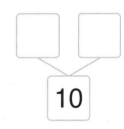

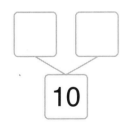 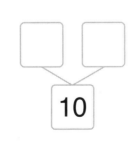 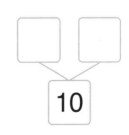 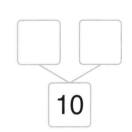

붙어 있는 수 중에서 10이 되는 수 짝꿍을 찾아봐.

● 붙어 있는 두 수 중 모으기해서 10이 되는 수를 모두 묶어 보세요.

2와 8을 모으기하면 10이 돼요.

①
```
6 2   8
  8 3 7
  1 4
```
3과 7을 모으기하면 10이 돼요.

②
```
3 1   2
  7 4 8
  5 5
```

③
```
8 2   9
  7 6 3
  5 4
```

④
```
4 1   2 5
  9 6 7
  8 5 3
  2
```

⑤
```
3 2   7 2
  4 6 9
  1 2 8
  6
```

⑥
```
2 7   8 1
  3 6 2
  5 4 7
  9
```

⑦

1	9		2	1
	6	5	6	
	7	2	4	
5	3		7	8

⑧

9	2		6	4
	5	3	6	
	5	6	1	
7	3		2	3

⑨

3	9		5	2
	2	8	7	
	6	5	4	
9	1		6	3

⑩

3	6		6	2
	8	2	4	
	4	5	4	
	8	1	6	
7	1		7	3

⑪

1	9		4	2
	2	5	5	
	8	3	1	
	4	8	5	
7	3		6	4

⑫

2	8		1	9
	4	5	3	
	9	5	6	
	3	7	2	
5	6		7	1

6 10의 덧셈과 뺄셈

5+5=10
4+6=10
3+7=10
2+8=10
1+9=10

"10이 되는 더하기."

"오~ 안녕."

1 2 3 4 5 6 7 8 9

"어이쿠~
깜짝이야!"

"10에서 빼기."

10-1=9
10-2=8
10-3=7
10-4=6
10-5=5

두 가지 색 구슬의 수를 더해 봐.

01 합하면 모두 몇 개가 될까?

● 두 가지 색 구슬을 보고 빈칸에 알맞은 수를 써 보세요.

①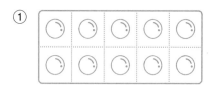

주황색 구슬
$9+1=\underline{10}$
연두색 구슬   구슬을 합하면 모두
10개가 돼요.

②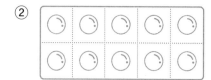

$2+8=\underline{}$

③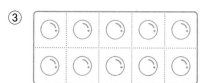

$7+3=\underline{}$

④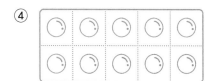

$6+\underline{}=10$
주황색 구슬의 수를 써요.

⑤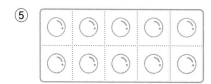

$5+\underline{}=10$

⑥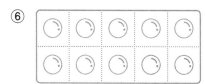

$8+\underline{}=10$

⑦

$\underline{}+\underline{}=10$

⑧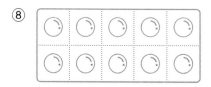

$\underline{}+\underline{}=10$

⑨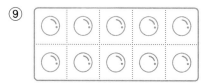

$\underline{}+\underline{}=10$

⑩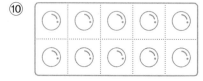

$\underline{}+\underline{}=10$

⑪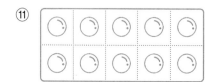

$\underline{}+\underline{}=10$

⑫

$\underline{}+\underline{}=10$

02 몇 개를 더하면 10개가 될까?

10개가 되도록 구슬을 그려 봐.

● 구슬이 10개가 되도록 ○를 그리고 빈칸에 알맞은 수를 써 보세요.

① ❶ 빈칸에 ○를 그려가며 세어 봐요.

$9 +$ ___|___ $= 10$

❷ 9에 1을 더해야 10이 돼요.

② ❶ 빈칸에 ○를 몇 개 그려야 하나요?

$5 +$ _____ $= 10$

❷ 5에 몇을 더해야 10이 되나요?

③

$8 +$ _____ $= 10$

④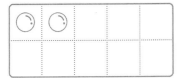

$2 +$ _____ $= 10$

⑤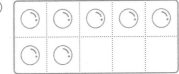

$7 +$ _____ $= 10$

⑥

$6 +$ _____ $= 10$

⑦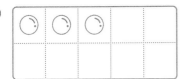

$3 +$ _____ $= 10$

⑧

$4 +$ _____ $= 10$

⑨

$1 +$ _____ $= 10$

⑩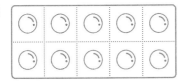

$10 +$ _____ $= 10$

⑪

_____ $+ 8 = 10$

⑫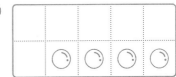

_____ $+ 4 = 10$

03 10이 되는 더하기

● 빈칸에 알맞은 수를 써 보세요.

① 4+6= __10__
4와 6을 더하면 10이에요.

② 3+7= _____

③ 0+10= _____

④ 9+1= _____

⑤ 5+5= _____

⑥ 2+8= _____

⑦ 2+ _____ =10
2와 더해서 10이 되는 수는 얼마일까요?

⑧ 5+ _____ =10

⑨ 1+ _____ =10

⑩ 6+ _____ =10

⑪ 4+ _____ =10

⑫ 8+ _____ =10

⑬ 9+ _____ =10

⑭ 0+ _____ =10

⑮ 3+ _____ =10

⑯ 8+ _____ =10

⑰ 10+ _____ =10

⑱ 7+ _____ =10

⑲ 3+ _____ =10

⑳ 1+ _____ =10

㉑ 4+ _____ =10

㉒ 7+ _____ =10

㉓ 5+ _____ =10

㉔ 0+ _____ =10

㉕ 1+9=＿＿＿

㉖ 9+1=＿＿＿

㉗ 10+0=＿＿＿

㉘ 8+2=＿＿＿

㉙ 6+4=＿＿＿

㉚ 7+3=＿＿＿

㉛ ＿＿＿+4=10

㉜ ＿＿＿+7=10

㉝ ＿＿＿+2=10

㉞ ＿＿＿+0=10

㉟ ＿＿＿+10=10

㊱ ＿＿＿+3=10

㊲ ＿＿＿+1=10

㊳ ＿＿＿+5=10

㊴ ＿＿＿+9=10

㊵ ＿＿＿+8=10

㊶ ＿＿＿+6=10

㊷ ＿＿＿+4=10

㊸ ＿＿＿+2=10

㊹ ＿＿＿+3=10

㊺ ＿＿＿+10=10

㊻ ＿＿＿+7=10

㊼ ＿＿＿+9=10

㊽ ＿＿＿+0=10

㊾ 8+2=＿＿＿＿

㊿ 0+10=＿＿＿＿

⑤ 1+9=＿＿＿＿

㊾ 4+6=＿＿＿＿

㊾ 3+7=＿＿＿＿

㊾ 5+5=＿＿＿＿

⑤ ＿＿＿＿+10=10

⑤ ＿＿＿＿+8=10

⑤ ＿＿＿＿+0=10

⑤ ＿＿＿＿+5=10

⑤ ＿＿＿＿+1=10

⑥ ＿＿＿＿+6=10

⑥ ＿＿＿＿+7=10

⑥ ＿＿＿＿+4=10

⑥ ＿＿＿＿+9=10

⑥ 8+＿＿＿＿=10

⑥ 4+＿＿＿＿=10

⑥ 6+＿＿＿＿=10

⑥ 3+＿＿＿＿=10

⑥ 2+＿＿＿＿=10

⑥ 5+＿＿＿＿=10

⑦ 7+＿＿＿＿=10

⑦ 1+＿＿＿＿=10

⑦ 9+＿＿＿＿=10

04 10 만들기 ➕ 더해지는 수가 어떻게 달라지는지 살펴봐.

● 더해서 10이 되도록 빈칸에 알맞은 수를 써 보세요.

① 10

2	+	8
3	+	7
4	+	6
5	+	5

커지는 만큼 작아져요.

② 10

0	+	
1	+	
2	+	
3	+	

③ 10

5	+	
6	+	
7	+	
8	+	

④ 10

1	+	
3	+	
5	+	
7	+	

⑤ 10

4	+	
6	+	
8	+	
10	+	

⑥ 10

0	+	
3	+	
6	+	
9	+	

더해지는 수가 어떻게 달라지는지 살펴봐.

⑦

$$10$$

6	+	4
5	+	5
4	+	6
3	+	7

작아지는 만큼   커져요.

⑧

$$10$$

3	+	
2	+	
1	+	
0	+	

⑨

$$10$$

5	+	
4	+	
3	+	
2	+	

⑩

$$10$$

7	+	
5	+	
3	+	
1	+	

⑪

$$10$$

10	+	
8	+	
6	+	
4	+	

⑫

$$10$$

10	+	
7	+	
4	+	
1	+	

05 얼마나 남았을까?

덜어내고 남은 구슬의 수를 구할 때 뺄셈을 해.

● 구슬 10개에서 덜어내고 남은 구슬의 수를 구해 보세요.

①

❷ 9개가 남아요.

❶ 구슬 1개를 덜어내면

$10 - 1 =$ ___9___

덜어낸 구슬 수   남은 구슬 수

②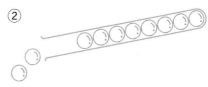

구슬 2개를 덜어내면 몇 개가 남을까요?

$10 - 2 =$ _____

③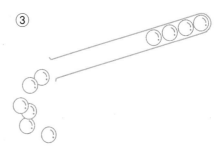

$10 - 6 =$ _____

④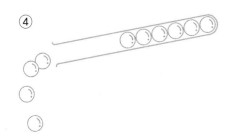

$10 - 4 =$ _____

⑤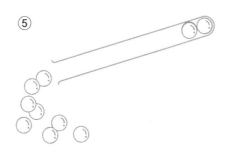

$10 - 8 =$ _____

⑥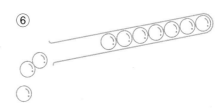

$10 - 3 =$ _____

⑦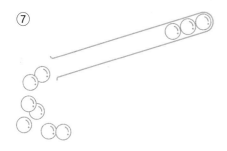

$10 - 7 =$ _____

⑧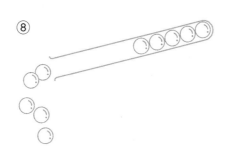

$10 - 5 =$ _____

⑨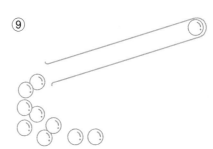

$10 - 9 =$ _____

두 구슬 수의 차이를 구할 때에도 뺄셈을 해.

06 얼마나 더 많을까?

● 짝 짓고 남은 구슬의 수를 구해 보세요.

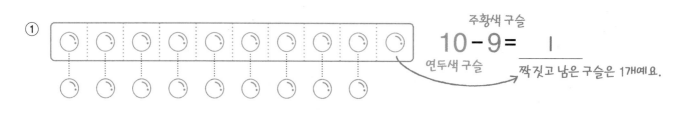

① 주황색 구슬
10 - 9 = ___1___
연두색 구슬
짝 짓고 남은 구슬은 1개예요.

② 10 - 8 = _____

③ 10 - 5 = _____

④ 10 - _____ = _____

⑤ 10 - _____ = _____

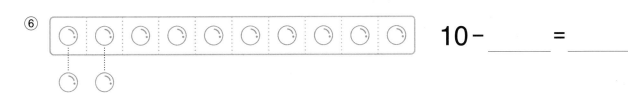

⑥ 10 - _____ = _____

⑦ 10 - _____ = _____

⑧ 10 - _____ = _____

⑨ 10 - _____ = _____

⑩ 10 - _____ = _____

07 10에서 빼기 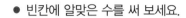 10이 되는 수 짝꿍을 생각하며 뺄셈식을 완성해 봐.

● 빈칸에 알맞은 수를 써 보세요.

① 10-1= __9__
10에서 1을 빼면 9예요.

② 10-7= ____

③ 10-5= ____

④ 10-3= ____

⑤ 10-2= ____

⑥ 10-10= ____

⑦ 10-5= ____

⑧ 10-0= ____

⑨ 10-9= ____

⑩ 10-7= ____

⑪ 10-4= ____

⑫ 10-8= ____

⑬ 10-4= ____

⑭ 10-6= ____

⑮ 10-10= ____

⑯ 10-2= ____

⑰ 10-8= ____

⑱ 10-5= ____

⑲ 10-1= ____

⑳ 10-7= ____

10이 되는 수 짝꿍

㉑ 10-3= ____

㉒ 10-0= ____

130

㉓ 10 - _____ =9

10에서 몇을 빼야 9가 될까요?

㉔ 10 - _____ =4

㉕ 10 - _____ =7

㉖ 10 - _____ =6

㉗ 10 - _____ =1

㉘ 10 - _____ =3

㉙ 10 - _____ =10

㉚ 10 - _____ =8

㉛ 10 - _____ =2

㉜ 10 - _____ =1

㉝ 10 - _____ =0

㉞ 10 - _____ =5

㉟ 10 - _____ =3

㊱ 10 - _____ =2

㊲ 10 - _____ =9

㊳ 10 - _____ =4

㊴ 10 - _____ =7

㊵ 10 - _____ =6

㊶ 10 - _____ =8

㊷ 10 - _____ =1

㊸ 10 - _____ =2

㊹ 10 - _____ =5

㊺ 10 - _____ =10

㊻ 10 - _____ =0

10이 되는 수 짝꿍을 생각하며 뺄셈식을 완성해 봐.

㊼ 10 − ______ = 10　　㊽ 10 − ______ = 6　　㊾ 10 − ______ = 0

㊿ 10 − ______ = 7　　(51) 10 − ______ = 1　　(52) 10 − ______ = 4

(53) 10 − ______ = 0　　(54) 10 − ______ = 9　　(55) 10 − ______ = 8

(56) 10 − ______ = 5　　(57) 10 − ______ = 2　　(58) 10 − ______ = 6

(59) 10 − ______ = 9　　(60) 10 − ______ = 8　　(61) 10 − ______ = 1

(62) 10 − ______ = 5　　(63) 10 − ______ = 3　　(64) 10 − ______ = 4

(65) 10 − ______ = 2　　(66) 10 − ______ = 10　　(67) 10 − ______ = 7

(68) 10 − ______ = 3　　(69) 10 − ______ = 9　　(70) 10 − ______ = 4

먹은 만큼 지우면 **몇** 개가 남겠니?

08 내가 만드는 빼셈식

● 몇 개를 먹을 것인지 수를 정하여 /표 하고 빼셈식을 완성해 보세요. (단, 답은 여러 가지가 될 수 있습니다.)

①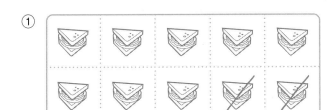

10 - ^예 ___2___ = ___8___

❶ 샌드위치 2개를   ❷ 8개가 남아요.
 먹으면

②

10 - _____ = _____

③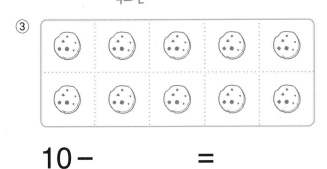

10 - _____ = _____

④

10 - _____ = _____

⑤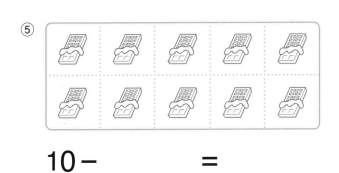

10 - _____ = _____

⑥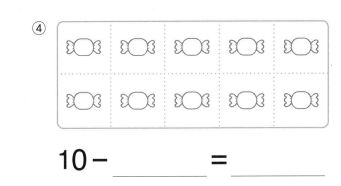

10 - _____ = _____

⑦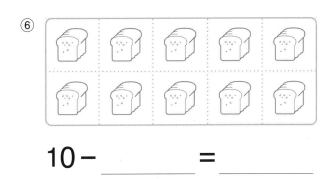

10 - _____ = _____

⑧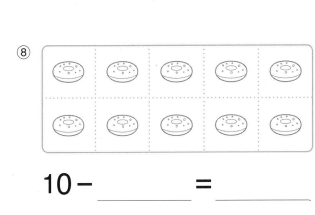

10 - _____ = _____

10이 되는 수 짝꿍을 이용해 덧셈과 뺄셈을 해 봐.

09 세 수로 덧셈, 뺄셈하기

● 세 수를 사용하여 덧셈과 뺄셈을 해 보세요.

①
| 9 | 1 | 10 |

$$9+1=\underline{10}$$
$$1+9=\underline{10}$$ ⟩ 10이 되는 더하기

$$10-9=\underline{1}$$
$$10-1=\underline{9}$$ ⟩ 10에서 빼기

②
| 8 | 2 | 10 |

$$8+2=\underline{}$$
$$2+8=\underline{}$$
$$10-8=\underline{}$$
$$10-2=\underline{}$$

③
| 7 | 3 | 10 |

$$7+3=\underline{}$$
$$3+7=\underline{}$$
$$10-7=\underline{}$$
$$10-3=\underline{}$$

④
| 6 | 4 | 10 |

$$6+4=\underline{}$$
$$4+6=\underline{}$$
$$10-6=\underline{}$$
$$10-4=\underline{}$$

⑤
| 10 | 0 | 10 |

$$10+0=\underline{}$$
$$0+10=\underline{}$$
$$10-10=\underline{}$$
$$10-0=\underline{}$$

⑥
| 5 | 5 | 10 |

$$5+5=\underline{}$$
$$10-5=\underline{}$$

10 처음 수가 되는 계산

더한 만큼 빼면 처음 수가 돼.

● 화살표를 따라 계산해 보세요.

①
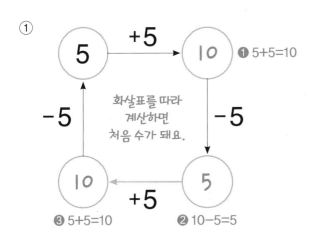

5 →+5→ 10   ❶ 5+5=10

화살표를 따라 계산하면 처음 수가 돼요.

−5 ↑   ↓ −5

10 ←+5← 5

❸ 5+5=10   ❷ 10−5=5

②
2 →+8→ ○

−8 ↑   ↓ −2

○ ←+2← ○

③
7 →+3→ ○

−3 ↑   ↓ −7

○ ←+7← ○

④
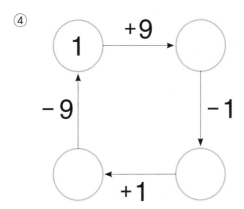

1 →+9→ ○

−9 ↑   ↓ −1

○ ←+1← ○

⑤
4 →+6→ ○

−6 ↑   ↓ −4

○ ←+4← ○

⑥
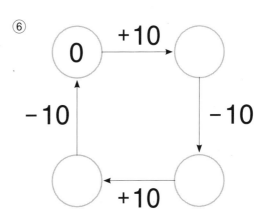

0 →+10→ ○

−10 ↑   ↓ −10

○ ←+10← ○

7 연이은 덧셈, 뺄셈

세 수의 계산은 앞에서부터 두 수씩 차례로 해.

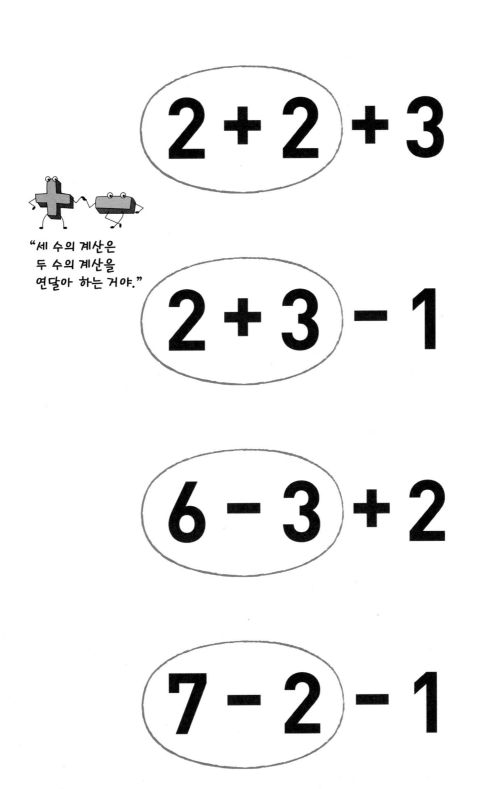

2 + 2 + 3

"세 수의 계산은
두 수의 계산을
연달아 하는 거야."

2 + 3 - 1

6 - 3 + 2

7 - 2 - 1

세 수의 계산은 앞의 두 수부터!

01 이어서 계산하기

● 계산해 보세요.

① $\boxed{\enclose{circle}{2+3}+4}$

$2+3 = \underline{5}$ ❶ 2와 3을 더하면 5가 돼요.

$\downarrow$

$\underline{5} + 4 = \underline{9}$

❷ 이어서 5에 4를 더해요.

② $\boxed{\enclose{circle}{2+2}+3}$

$2+2 = \underline{}$ ❶ 2와 2를 더한 후

$\downarrow$

$\underline{} + 3 = \underline{}$

❷ 이어서 3을 더해요.

③ $\boxed{3+2+1}$

$3+2 = \underline{}$

$\downarrow$

$\underline{} + 1 = \underline{}$

④ $\boxed{7+1+2}$

$7+1 = \underline{}$

$\downarrow$

$\underline{} + 2 = \underline{}$

⑤ $\boxed{4+1+3}$

$4+1 = \underline{}$

$\downarrow$

$\underline{} + 3 = \underline{}$

⑥ $\boxed{3+4+2}$

$3+4 = \underline{}$

$\downarrow$

$\underline{} + 2 = \underline{}$

⑦
$$1+5-1$$

$1+5=$ _____

↓

_____ $-1=$ _____

⑧
$$6+0-2$$

$6+0=$ _____

↓

_____ $-2=$ _____

⑨
$$2+5-2$$

$2+5=$ _____

↓

_____ $-2=$ _____

⑩
$$5+1-2$$

$5+1=$ _____

↓

_____ $-2=$ _____

⑪
$$7+2-3$$

$7+2=$ _____

↓

_____ $-3=$ _____

⑫
$$4+3-5$$

$4+3=$ _____

↓

_____ $-5=$ _____

⑬
$$6-3+2$$

$6-3=$ _____

↓

_____ $+2=$ _____

⑭
$$8-2+3$$

$8-2=$ _____

↓

_____ $+3=$ _____

⑮
$$5-4+1$$

$5-4=$ _____

↓

_____ $+1=$ _____

⑯
$$9-6+1$$

$9-6=$ _____

↓

_____ $+1=$ _____

⑰
$$7-5+4$$

$7-5=$ _____

↓

_____ $+4=$ _____

⑱
$$6-1+2$$

$6-1=$ _____

↓

_____ $+2=$ _____

⑲
$9-2-5$

$9-2=$ _____
↓
_____ $-5=$ _____

⑳
$5-2-1$

$5-2=$ _____
↓
_____ $-1=$ _____

㉑
$9-7-2$

$9-7=$ _____
↓
_____ $-2=$ _____

㉒
$6-1-0$

$6-1=$ _____
↓
_____ $-0=$ _____

㉓
$8-2-5$

$8-2=$ _____
↓
_____ $-5=$ _____

㉔
$7-2-2$

$7-2=$ _____
↓
_____ $-2=$ _____

02 순서대로 계산하기

세 수의 계산은 앞에서부터 두 수씩 차례로!

● 계산해 보세요.

① $1+1+4=$ 6

❶ 2

❷ 2+4= 6

② $1+3+2=$

③ $2+3+4=$

④ $6+2+2=$

⑤ $4+3+1=$

⑥ $5+2+1=$

⑦ $3+3+3=$

⑧ $4+0+3=$

⑨ 2+2−4=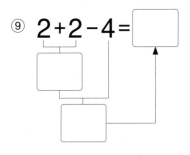

⑩ 7+2−1=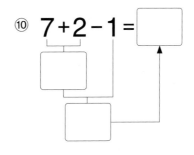

⑪ 4+3−2=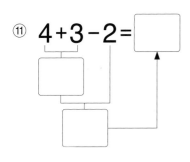

⑫ 5+2−2=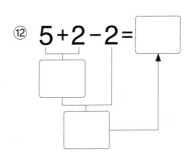

⑬ 3+3−3=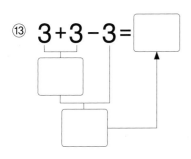

⑭ 1+7−4=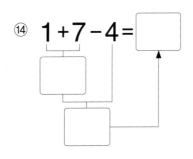

⑮ 6+1−4=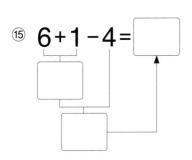

⑯ 4+5−7=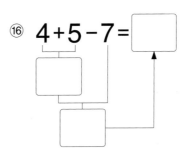

⑰ 7 − 2 + 3 =

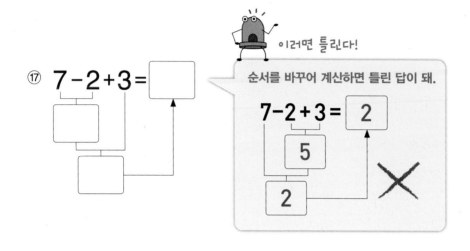

이러면 틀린다!

순서를 바꾸어 계산하면 틀린 답이 돼.

7 − 2 + 3 = 2

5

2

⑱ 8 − 3 + 3 =

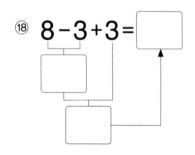

⑲ 10 − 6 + 3 =

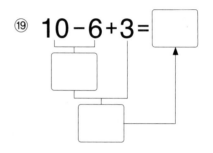

⑳ 4 − 1 + 2 =

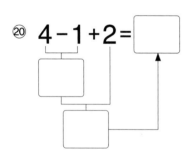

㉑ 9 − 5 + 1 =

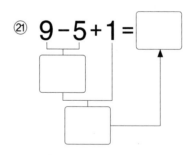

㉒ 8 − 5 + 2 =

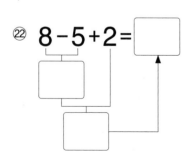

㉓ 6 − 1 + 3 =

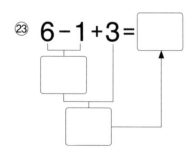

㉔ 5-3-1= □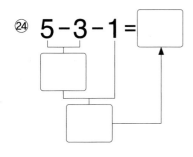

㉕ 9-3-1= □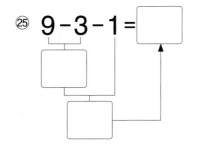

㉖ 8-4-2= □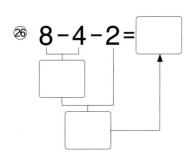

㉗ 9-1-4= □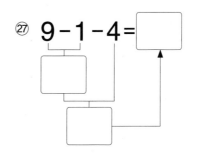

㉘ 7-4-3= □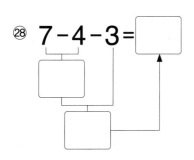

㉙ 8-3-2= □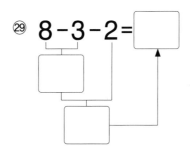

㉚ 8-0-6= □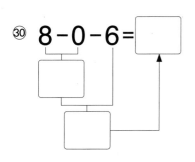

㉛ 4-2-1= □

03 가로셈 앞에서부터 순서대로!

● 계산해 보세요.

① 1+2+4= 7
　　3
　　7

② 2+2+2=

③ 1+1+1=

④ 1+6+2=

⑤ 1+2+1=

⑥ 4+0+6=

⑦ 3+3+3=

⑧ 8+1+1=

⑨ 4+0+3=

⑩ 3+4+2=

⑪ 4+1+2=

⑫ 9+0+1=

⑬ 8+1−1=

⑭ 7+2−4=

⑮ 6+4−1=

⑯ 8+0−7=

⑰ 7+1−2=

⑱ 6+3−1=

⑲ 10+0−7=

⑳ 5+1−3=

㉑ 7+3−3=

㉒ 4+4−2=

㉓ 4+1−3=

㉔ 2+3−2=

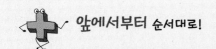

㉕ 8-7+1=

㉖ 8-2+2=

㉗ 7-1+4=

㉘ 7-3+3=

㉙ 8-4+2=

㉚ 8-3+4=

㉛ 10-4+4=

㉜ 5-1+2=

㉝ 6-2+1=

㉞ 3-3+1=

㉟ 8-0+1=

㊱ 4-4+0=

㊲ 7-3-3=

㊳ 6-1-0=

㊴ 8-4-3=

㊵ 9-3-3=

㊶ 5-1-2=

㊷ 9-4-3=

㊸ 10-5-3=

㊹ 10-0-1=

㊺ 7-5-1=

㊻ 10-6-4=

㊼ 10-4-4=

㊽ 8-3-3=

04 다르면서 같은 계산

● 계산해 보세요.

① 2+1+5= 8
   2+2+4= 8
   2+3+3= 8

커지는 만큼   작아져요.

② 1+2+3=
   1+3+2=
   1+4+1=

③ 1+4+4=
   1+5+3=
   1+6+2=

④ 2+2+6=
   2+3+5=
   2+4+4=

⑤ 1+3+4=
   1+4+3=
   1+5+2=

⑥ 3+1+3=
   3+2+2=
   3+3+1=

⑦ 4+2-1=

4+3-2=

4+4-3=

커지는 만큼   켜져요.

⑧ 6+0-3=

6+1-4=

6+2-5=

⑨ 2+5-1=

2+6-2=

2+7-3=

⑩ 2+2-4=

2+3-5=

2+4-6=

⑪ 3+4-1=

3+5-2=

3+6-3=

⑫ 1+4-2=

1+5-3=

1+6-4=

⑬ 8-4+2=

8-5+3=

8-6+4=

커지는 만큼 커져요.

⑭ 7-2+1=

7-3+2=

7-4+3=

⑮ 5-2+2=

5-3+3=

5-4+4=

⑯ 10-4+1=

10-5+2=

10-6+3=

⑰ 9-6+5=

9-7+6=

9-8+7=

⑱ 6-3+6=

6-4+7=

6-5+8=

⑲ 7-3-2=

7-2-3=

7-1-4=

작아지는 만큼 커져요.

⑳ 9-5-0=

9-4-1=

9-3-2=

㉑ 10-4-4=

10-3-5=

10-2-6=

㉒ 9-6-1=

9-5-2=

9-4-3=

㉓ 8-6-1=

8-5-2=

8-4-3=

㉔ 9-4-2=

9-3-3=

9-2-4=

계산한 다음 답의 크기를 비교해 봐.

05 기호를 바꾸어 계산하기

● 계산해 보세요.

① 4+2⊕1 = 7

4⊕2⊖1 = 5

4⊖2-1 = 1

+가 많으면 커지고
－가 많으면 작아져요.

② 3+2+1 =

3+2-1 =

3-2-1 =

③ 7+1+2 =

7+1-2 =

7-1-2 =

④ 4+1+3 =

4+1-3 =

4-1-3 =

⑤ 6+2+1 =

6-2+1 =

6-2-1 =

⑥ 8+1+1 =

8-1+1 =

8-1-1 =

⑦ 8+0+1 =

8-0+1 =

8-0-1 =

⑧ 3+1+2 =

3-1+2 =

3-1-2 =

⑨ 5−2−2=

5−2+2=

5+2+2=

⑩ 4−1−2=

4−1+2=

4+1+2=

⑪ 7−0−3=

7−0+3=

7+0+3=

⑫ 6−2−2=

6−2+2=

6+2+2=

⑬ 5−4−1=

5+4−1=

5+4+1=

⑭ 5−1−2=

5+1−2=

5+1+2=

⑮ 5−2−1=

5+2−1=

5+2+1=

⑯ 6−1−3=

6+1−3=

6+1+3=

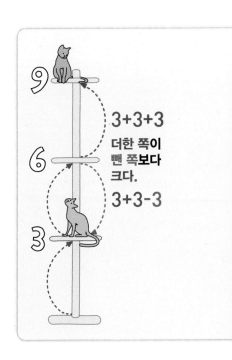

3+3+3
더한 쪽이
뺀 쪽보다
크다.
3+3−3

06 알맞은 탑에 색칠하기

● 합해서 왼쪽 수가 되는 탑에 모두 색칠해 보세요.

① 7

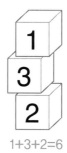   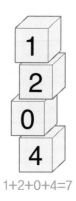 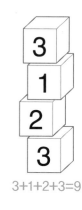

1+3+2=6 6+0+1=7 0+2+5=7 1+2+0+4=7 3+1+2+3=9

② 6

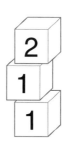 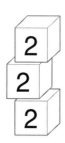 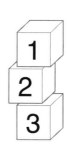

③ 9

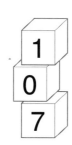 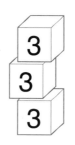 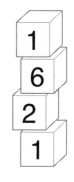

④ 8

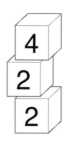 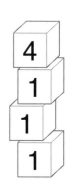

앞의 두 수를 묶어서 하나의 수로 생각해 봐.

07 수를 정하여 식 완성하기

● 오른쪽 수가 되도록 1부터 9까지의 수 중에서 골라 빈칸에 써 보세요. (단, 답은 여러 가지가 될 수 있습니다.)

① 예 __2__ + __2__ +1=5
더해서 4가 되는 두 수를 써요.

② ____ + ____ +1=6
더해서 5가 되는 두 수를 생각해 봐요.

③ ____ + ____ +2=7

④ ____ + ____ +4=9

⑤ ____ + ____ +1=8

⑥ ____ + ____ +3=6

⑦ ____ + ____ +5=9

⑧ ____ + ____ +3=7

⑨ ____ + ____ −6=1

⑩ ____ + ____ −2=4

⑪ ____ + ____ −3=3

⑫ ____ + ____ −4=5

⑬ ____ + ____ −1=8

⑭ ____ + ____ −3=6

수능까지 연결되는 독해 로드맵

디딤돌 독해력은 수능까지 연결되는 체계적인 라인업을 통하여

수능에서 요구하는 핵심 독해 원리에 대한 이해는 물론,

단계 별로 심화되며 연결되는 학습의 과정을 통해

깊이 있고 종합적인 독해 사고의 능력까지 기를 수 있도록 도와줍니다.

기초를 다진 후에는 본격 실전 독해 훈련으로!
디딤돌 독해력 고학년 Ⅰ~Ⅳ

·수능 국어 독서 영역을 기준으로 주제별, 수준별 구성
·초등 고학년이 감당할 수 있는 중등 수준의 지문을 4단계로 세분화

독해력 공부를 처음 시작한다면, 기초를 튼튼히!
디딤돌 독해력 초등국어 1~6

·초등 국어 교과서의 학년별 성취 기준을 바탕으로 독해 목표 설정
·문학+비문학 제재로 구성, 차근차근 심화되는 독해 원리 학습

1~4학년군 1, 2, 3, 4   5~6학년군 5, 6

실력

기초   기본

초등   초등 고학년

디딤돌
연산
수학
정답과
학습지도법

디딤돌
연산
수학
정답과
학습지도법

1 수를 가르기하고 모으기하기

1부터 9까지의 수를 가르기하고 모으기하는 학습은 수 개념을 확립하는 데 중요한 역할을 하고 덧셈과 뺄셈의 기초가 됩니다. 구체물을 사용한 문제부터 수 조작력을 발휘할 수 있는 문제로 수 감각을 기릅니다.

01 그림의 수를 세어 가르기하기
8~9쪽

① 1	② 3
③ 2	④ 2
⑤ 3	⑥ 1
⑦ 2	⑧ 7
⑨ 5	⑩ 4
⑪ 4	⑫ 3
⑬ 3	⑭ 2
⑮ 3	⑯ 6

수 감각

수 감각
수 감각은 수와 연산에 대한 직관적인 느낌을 말하는데 다양한 방법으로 수학 문제를 해결할 수 있도록 도와줍니다. 따라서 초중고 전체의 수학 학습에 큰 영향을 주지만 그 감각을 기를 수 있는 충분한 훈련은 초등 단계에서 이루어져야 합니다. 하나의 연산을 다양한 각도에서 바라보고, 수 조작력을 발휘하여 수 감각을 기를 수 있도록 지도해 주세요.

02 그림의 수를 세어 모으기하기
10~11쪽

① 3	② 4
③ 5	④ 6
⑤ 7	⑥ 2
⑦ 8	⑧ 9
⑨ 8	⑩ 9
⑪ 7	⑫ 4
⑬ 6	⑭ 8
⑮ 9	⑯ 5

수 감각

03 두 수로 가르기하기
12~14쪽

① 1	② 2	③ 3
④ 2	⑤ 3	⑥ 7
⑦ 4	⑧ 4	⑨ 6
⑩ 1	⑪ 2	⑫ 5
⑬ 2	⑭ 2	⑮ 2
⑯ 4	⑰ 3	⑱ 1
⑲ 1	⑳ 5	㉑ 1
㉒ 3	㉓ 1	㉔ 8
㉕ 3	㉖ 1	㉗ 3
㉘ 1	㉙ 4	㉚ 2
㉛ 3	㉜ 7	㉝ 1
㉞ 4	㉟ 2	㊱ 4

수 감각

04 두 수를 모으기하기
15~17쪽

① 3	② 2	③ 9
④ 6	⑤ 4	⑥ 6
⑦ 9	⑧ 7	⑨ 5
⑩ 7	⑪ 5	⑫ 8
⑬ 1	⑭ 1	⑮ 5
⑯ 2	⑰ 4	⑱ 8
⑲ 3	⑳ 2	㉑ 5
㉒ 5	㉓ 3	㉔ 2
㉕ 6	㉖ 2	㉗ 4
㉘ 6	㉙ 6	㉚ 5
㉛ 1	㉜ 4	㉝ 5
㉞ 2	㉟ 3	㊱ 2

수 감각

05 수를 똑같게 가르기하기   18쪽

① 1   ② 2   ③ 3
④ 4   ⑤ 3   ⑥ 2
⑦ 1   ⑧ 4   ⑨ 1, 1
⑩ 2, 2   ⑪ 3, 3   ⑫ 4, 4

수 감각

06 같은 수 모으기하기   19쪽

① 4   ② 2   ③ 6
④ 8   ⑤ 6   ⑥ 2
⑦ 4   ⑧ 8   ⑨ 2, 2
⑩ 3, 3   ⑪ 4, 4   ⑫ 1, 1

수 감각

07 여러 가지 방법으로 가르기하기   20쪽

① 1, 4 / 2, 3 / 3, 2 / 4, 1
② 예 1, 5 / 2, 4 / 3, 3 / 4, 2
③ 예 1, 6 / 2, 5 / 3, 4 / 4, 3
④ 예 1, 7 / 2, 6 / 3, 5 / 4, 4
⑤ 예 1, 8 / 2, 7 / 3, 6 / 4, 5

수 감각

08 여러 가지 방법으로 모으기하기   21쪽

① 1, 4 / 2, 3 / 3, 2 / 4, 1
② 예 1, 5 / 2, 4 / 3, 3 / 4, 2
③ 예 1, 6 / 2, 5 / 3, 4 / 4, 3
④ 예 1, 7 / 2, 6 / 3, 5 / 4, 4
⑤ 예 1, 8 / 2, 7 / 3, 6 / 4, 5

수 감각

09 도착하는 수 찾기   22~23쪽

① 출발 1 2 ③ 4 5 6 7 8 9
1과 2를 모으기하면 3이 돼요.

② 1 2 3 4 5 6 7 8 9

③ 1 2 3 4 5 6 7 8 9

④ 1 2 3 4 5 6 7 8 9

⑤ 1 2 3 4 5 6 7 8 9

⑥ 1 2 3 4 5 6 7 8 9

⑦ 1 2 3 4 5 6 7 8 9

⑧ 1 2 3 4 5 6 7 8 9

⑨ 1 2 3 4 5 6 7 8 9

⑩ 1 2 3 4 5 6 7 8 9

⑪ 1 2 3 4 5 6 7 8 9

⑫ 1 2 3 4 5 6 7 8 9

수 감각

10 깃발이 놓인 수 만들기 24쪽

① 예

② 예

③

④ 예

⑤ 예

⑥ 예

⑦ 예

⑧ 예

11 연달아 가르기하고 모으기하기 25~27쪽

(왼쪽에서부터)

① 5, 4   ② 6, 4
③ 3, 2   ④ 6, 1
⑤ 6, 4   ⑥ 5, 2
⑦ 2, 1   ⑧ 3, 1
⑨ 2, 4   ⑩ 1, 6
⑪ 2, 5   ⑫ 1, 4
⑬ 3, 3   ⑭ 4, 6
⑮ 4, 5   ⑯ 5, 3
⑰ 3, 5   ⑱ 5, 7

12 ○ 안의 수를 양쪽의 두 수로 가르기하기 28~29쪽

(위에서부터)

① 1, 2   ② 4, 3
③ 3, 4   ④ 6, 4
⑤ 6, 4   ⑥ 3, 4
⑦ 2, 4   ⑧ 1, 6
⑨ 4, 3   ⑩ 2, 5
⑪ 4, 3, 5   ⑫ 4, 3, 2

2 합이 9까지인 덧셈

모으기 학습에서 이어지는 한 자리 수끼리의 덧셈입니다. +와 =를 사용한 식을 처음 접하게 되므로 수와 기호를 사용한 식이 나타내는 뜻을 명확히 이해할 수 있도록 지도해 주세요. 또한 첨가와 합병의 상황을 모두 경험할 수 있도록 문제를 구성하였으니 덧셈 상황을 덧셈 식으로 연결하여 생각할 수 있게 해주세요.

01 늘어나면 모두 몇 개가 될까?
32~33쪽

①

2 + 3 = 5

❶ 2개에서 ❷ 3개가 늘어나면 ❸ 5개가 돼요.

②

2 + 4 = 6

2개에서 4개가 늘어나면 몇 개가 될까요?

③

4 + 3 = 7

④

6 + 3 = 9

⑤

5 + 3 = 8

⑥

5 + 4 = 9

⑦

2 + 5 = 7

⑧

6 + 2 = 8

⑨

3 + 2 = 5

⑩

4 + 4 = 8

⑪

5 + 2 = 7

⑫

2 + 1 = 3

덧셈의 원리 ● 첨가

02 합하면 모두 몇 개가 될까?
34~35쪽

①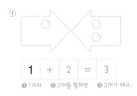

1 + 2 = 3

❶ 1개와 ❷ 2개를 합하면 ❸ 3개가 돼요.

②

2 + 2 = 4

2개와 2개를 합하면 몇 개가 될까요?

③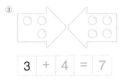

3 + 4 = 7

④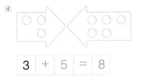

3 + 5 = 8

⑤

4 + 5 = 9

⑥

4 + 4 = 8

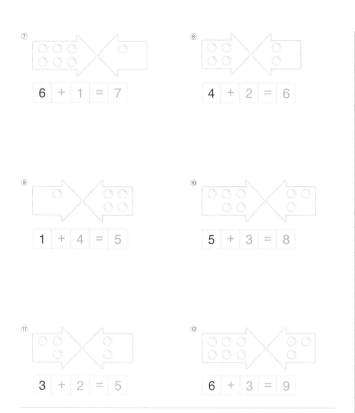

⑦
6 + 1 = 7

⑧
4 + 2 = 6

⑨
1 + 4 = 5

⑩
5 + 3 = 8

⑪
3 + 2 = 5

⑫
6 + 3 = 9

덧셈의 원리 ● 합병

덧셈

덧셈은 둘 이상의 수나 식을 더하는 계산으로 기호 '+'를 사용합니다. 덧셈의 상황은 첨가와 합병으로 구분되는데 첨가는 하나의 양에 다른 양을 더하는 것, 합병은 두 양을 한데로 모으는 것을 뜻합니다. 첨가와 합병의 상황을 덧셈식으로 연결시키는 학습은 덧셈의 의미를 잘 이해할 수 있게 할 뿐만 아니라 문장제 문제의 해결에도 도움이 됩니다.

① 2
② 7
③ 8
④ 5
⑤ 3
⑥ 8
⑦ 4
⑧ 3
⑨ 4
⑩ 8
⑪ 4
⑫ 5
⑬ 6
⑭ 5
⑮ 9
⑯ 5
⑰ 6
⑱ 8
⑲ 7
⑳ 7
㉑ 8
㉒ 7
㉓ 6
㉔ 6
㉕ 8
㉖ 9
㉗ 9
㉘ 7
㉙ 7
㉚ 9
㉛ 9
㉜ 9
㉝ 9
㉞ 7
㉟ 8
㊱ 6
㊲ 9
㊳ 8
㊴ 4
㊵ 7
㊶ 9
㊷ 8
㊸ 3
㊹ 8
㊺ 4
㊻ 6

덧셈의 원리 ● 계산 방법 이해

04 세로셈

39~42쪽

① 3	② 5	③ 6
④ 4	⑤ 9	⑥ 7
⑦ 7	⑧ 9	⑨ 2
⑩ 5	⑪ 8	⑫ 9
⑬ 8	⑭ 8	⑮ 9
⑯ 9	⑰ 6	⑱ 7
⑲ 4	⑳ 9	㉑ 7
㉒ 5	㉓ 6	㉔ 8
㉕ 6	㉖ 9	㉗ 8
㉘ 4	㉙ 6	㉚ 4
㉛ 9	㉜ 2	㉝ 7
㉞ 7	㉟ 3	㊱ 7
㊲ 9	㊳ 5	㊴ 5
㊵ 7	㊶ 8	㊷ 8
㊸ 6	㊹ 9	㊺ 8
㊻ 9	㊼ 4	㊽ 3
㊾ 5	㊿ 9	51 9
52 7	53 9	54 7
55 6	56 4	57 8
58 9	59 8	60 7

덧셈의 원리 ● 계산 방법 이해

05 0 더하기

43쪽

① 1	② 3
③ 2	④ 4
⑤ 6	⑥ 1
⑦ 4	⑧ 7
⑨ 5	⑩ 6
⑪ 9	⑫ 8
⑬ 2	
⑭ 5	

덧셈의 성질 ● 항등원

항등원
항등원은 연산을 한 결과가 처음 수와 같도록 만들어 주는 수를 뜻합니다. 예를 들어 $a+0=0+a=a$가 되도록 하는 0은 덧셈에 대한 항등원이고, $a×1=1×a=a$가 되도록 하는 1은 곱셈에 대한 항등원입니다. 항등원이라는 용어는 고등 과정에서 다뤄지지만 디딤돌 연산에서는 '처음 수와 같도록 만들어 주는 수', '0과 1의 연산'을 통해 초등 단계부터 경험하게 하였습니다.

06 바꾸어 더하기

44~45쪽

① 5, 5	
② 5, 5	③ 8, 8
④ 6, 6	⑤ 9, 9
⑥ 4, 4	⑦ 7, 7
⑧ 7, 7	⑨ 9, 9
⑩ 3, 3	⑪ 7, 7
⑫ 9, 9	⑬ 9, 9
⑭ 8, 8	⑮ 5, 5

덧셈의 성질 ● 교환법칙

교환법칙
교환법칙은 두 수를 바꾸어 계산해도 그 결과가 같다는 법칙으로 +와 ×에서만 성립합니다. 이것은 덧셈과 곱셈의 중요한 성질로 중등 과정에서 추상화된 표현으로 처음 배우게 됩니다. 비교적 간단한 수의 연산에서부터 교환법칙을 이해한다면 중등 학습에서도 쉽게 이해할 수 있을 뿐만 아니라 문제 해결력을 기르는 데에도 도움이 됩니다.

07 꼭대기에 있는 수 더하기
46~47쪽

① 1, 2, 3, 4　② 4, 5, 6, 7　③ 6, 7, 8, 9
④ 6, 7, 8, 9　⑤ 2, 3, 4, 5　⑥ 3, 5, 7, 9
⑦ 3, 5, 7, 9　⑧ 2, 4, 6, 8　⑨ 3, 4, 5, 6
⑩ 5, 4, 3, 2　⑪ 7, 6, 5, 4　⑫ 9, 7, 5, 3
⑬ 9, 8, 7, 6　⑭ 8, 6, 4, 2　⑮ 8, 7, 6, 5
⑯ 9, 7, 5, 3　⑰ 9, 8, 7, 6　⑱ 8, 7, 6, 5

덧셈의 원리 ● 증가

08 다르면서 같은 덧셈
48~49쪽

① 4, 4　② 9, 9　③ 3, 3
④ 7, 7　⑤ 7, 7　⑥ 6, 6
⑦ 8, 8　⑧ 9, 9　⑨ 8, 8
⑩ 9, 9　⑪ 5, 5　⑫ 6, 6
⑬ 2, 2　⑭ 8, 8　⑮ 6, 6
⑯ 8, 8　⑰ 5, 5　⑱ 7, 7
⑲ 7, 7　⑳ 9, 9　㉑ 6, 6
㉒ 9, 9　㉓ 8, 8　㉔ 7, 7

덧셈의 원리 ● 계산 원리 이해

09 합이 같도록 묶기
50쪽

덧셈의 감각 ● 수의 조작

10 수를 덧셈식으로 나타내기
51쪽

① 예 1, 5 / 2, 4　② 예 0, 3 / 1, 2
③ 예 2, 2 / 1, 3　④ 예 6, 1 / 4, 3
⑤ 예 0, 2 / 1, 1　⑥ 예 3, 5 / 4, 4
⑦ 예 0, 5 / 1, 4　⑧ 예 7, 0 / 5, 2
⑨ 예 8, 0 / 7, 1　⑩ 예 8, 1 / 7, 2

덧셈의 감각 ● 덧셈의 다양성

11 양쪽을 같게 만들기

52~53쪽

① 1　　　　　② 2

③ 4　　　　　④ 1

⑤ 3　　　　　⑥ 2

⑦ 3　　　　　⑧ 2

⑨ 8　　　　　⑩ 5

⑪ 4　　　　　⑫ 0

⑬ 5　　　　　⑭ 3

⑮ 6　　　　　⑯ 3

⑰ 4　　　　　⑱ 2

⑲ 2　　　　　⑳ 7

덧셈의 성질 ● 등식

등식

등식은 =의 양쪽 값이 같음을 나타낸 식입니다. 수학 문제를 풀 때 결과를 =의 오른쪽에 자연스럽게 쓰지만 학생들이 =의 의미를 간과한 채 사용하기 쉽습니다. 간단한 연산 문제를 푸는 시기부터 등식의 개념을 이해하고 =를 사용한다면 초등 고학년, 중등으로 이어지는 학습에서 등식, 방정식의 개념을 쉽게 이해할 수 있습니다.

3 한 자리 수의 뺄셈

가르기 학습에서 이어지는 한 자리 수끼리의 뺄셈입니다. −와 =를 사용한 식을 처음 접하게 되므로 수와 기호를 사용한 식이 나타내는 뜻을 명확히 이해할 수 있도록 지도해 주세요. 또한 제거와 차이의 상황을 모두 경험할 수 있도록 문제를 구성하였으니 뺄셈 상황을 뺄셈식으로 연결하여 생각할 수 있게 해주세요.

01 얼마나 남았을까?

56~57쪽

①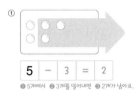

5 − 3 = 2

❶ 5개에서 ❷ 3개를 덜어내면 ❸ 2개가 남아요.

②

6 − 2 = 4

6개에서 2개를 덜어내면 몇 개가 남을까요?

③

6 − 4 = 2

④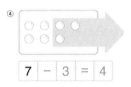

7 − 3 = 4

⑤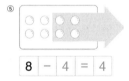

8 − 4 = 4

⑥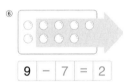

9 − 7 = 2

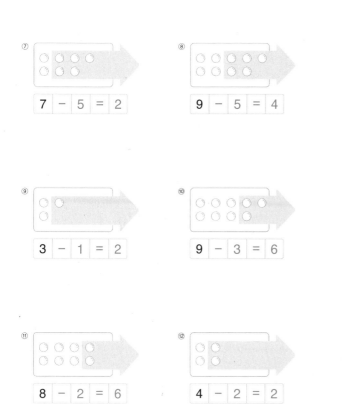

⑦
7 - 5 = 2

⑧
9 - 5 = 4

⑨
3 - 1 = 2

⑩
9 - 3 = 6

⑪
8 - 2 = 6

⑫
4 - 2 = 2

뺄셈의 원리 ● 제거

뺄셈

뺄셈은 둘 이상의 수나 식의 어느 한 쪽에서 다른 한 쪽을 덜어내는 계산으로 기호 '-'를 사용합니다. 뺄셈의 상황은 제거와 차이로 구분되는데 제거는 덜어내고 남은 양, 차이는 어느 쪽이 더 많거나 적은지를 뜻합니다. 제거와 차이의 상황을 뺄셈식으로 연결시키는 학습은 뺄셈의 의미를 잘 이해할 수 있게 할 뿐만 아니라 문장제 문제의 해결에도 도움이 됩니다.

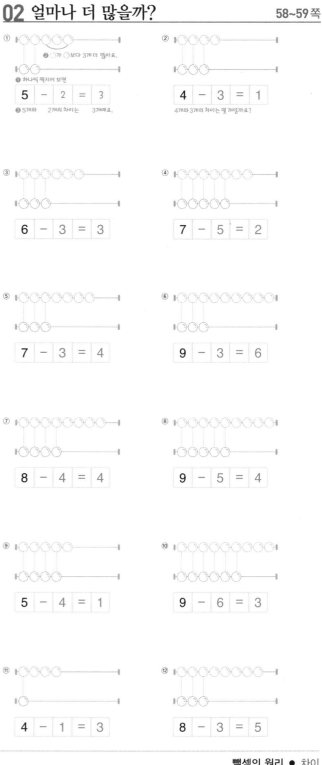

①
❷ ◯가 ◯보다 3개 더 많아요.
❶ 하나씩 짝지어 보면
5 - 2 = 3
❸ 5개와 2개의 차이는 3개예요.

②
4 - 3 = 1
4와 3개의 차이는 몇 개일까요?

③
6 - 3 = 3

④
7 - 5 = 2

⑤
7 - 3 = 4

⑥
9 - 3 = 6

⑦
8 - 4 = 4

⑧
9 - 5 = 4

⑨
5 - 4 = 1

⑩
9 - 6 = 3

⑪
4 - 1 = 3

⑫
8 - 3 = 5

뺄셈의 원리 ● 차이

03 가로셈

① 2   ② 1
③ 2   ④ 1
⑤ 4   ⑥ 1
⑦ 2   ⑧ 3
⑨ 3   ⑩ 7
⑪ 5   ⑫ 3
⑬ 3   ⑭ 3
⑮ 1   ⑯ 1
⑰ 8   ⑱ 6
⑲ 5   ⑳ 3
㉑ 4
㉒ 4
㉓ 6   ㉔ 2
㉕ 5   ㉖ 4
㉗ 2   ㉘ 2
㉙ 7   ㉚ 2
㉛ 1   ㉜ 4
㉝ 1   ㉞ 5
㉟ 1   ㊱ 3
㊲ 2   ㊳ 6
㊴ 1   ㊵ 5
㊶ 6   ㊷ 3
㊸ 1   ㊹ 1
㊺ 7   ㊻ 3

빼셈의 원리 ● 계산 방법 이해

04 세로셈

① 1   ② 2   ③ 3
④ 4   ⑤ 1   ⑥ 4
⑦ 5   ⑧ 6   ⑨ 6
⑩ 2   ⑪ 3   ⑫ 1
⑬ 4   ⑭ 2   ⑮ 1
⑯ 2   ⑰ 1   ⑱ 3
⑲ 5   ⑳ 1   ㉑ 3
㉒ 6   ㉓ 2   ㉔ 7
㉕ 7   ㉖ 1   ㉗ 5
㉘ 2   ㉙ 6   ㉚ 4
㉛ 2   ㉜ 4   ㉝ 3
㉞ 3   ㉟ 1   ㊱ 1
㊲ 4   ㊳ 2   ㊴ 5
㊵ 8   ㊶ 2   ㊷ 6
㊸ 1   ㊹ 5   ㊺ 3
㊻ 4   ㊼ 1   ㊽ 3
㊾ 3   ㊿ 6   51 1
52 4   53 1   54 2
55 1   56 2   57 5
58 5   59 2   60 3

빼셈의 원리 ● 계산 방법 이해

05 0을 빼거나 전체를 빼기

① 1   ② 3
③ 2   ④ 4
⑤ 7   ⑥ 5
⑦ 6   ⑧ 9
⑨ 0   ⑩ 0
⑪ 0   ⑫ 0
⑬ 0   ⑭ 0
⑮ 0   ⑯ 0

빼셈의 원리 ● 계산 원리 이해

06 다르면서 같은 뺄셈
69~70쪽

① 1, 1   ② 3, 3   ③ 2, 2
④ 4, 4   ⑤ 3, 3   ⑥ 1, 1
⑦ 1, 1   ⑧ 5, 5   ⑨ 2, 2
⑩ 4, 4   ⑪ 3, 3   ⑫ 2, 2
⑬ 6, 6   ⑭ 3, 3   ⑮ 8, 8
⑯ 2, 2   ⑰ 2, 2   ⑱ 2, 2
⑲ 5, 5   ⑳ 5, 5   ㉑ 1, 1
㉒ 2, 2   ㉓ 4, 4   ㉔ 3, 3

뺄셈의 원리 ● 계산 원리 이해

07 꼭대기에 있는 수 빼기
71~72쪽

① 0, 1, 2, 3   ② 1, 2, 3, 4   ③ 3, 4, 5, 6
④ 1, 3, 5, 7   ⑤ 4, 5, 6, 7   ⑥ 0, 2, 4, 6
⑦ 0, 2, 4, 6   ⑧ 0, 2, 4, 6   ⑨ 0, 1, 2, 3
⑩ 3, 2, 1, 0   ⑪ 4, 3, 2, 1   ⑫ 5, 4, 3, 2
⑬ 6, 4, 2, 0   ⑭ 6, 4, 2, 0   ⑮ 3, 2, 1, 0
⑯ 4, 3, 2, 1   ⑰ 6, 4, 2, 0   ⑱ 3, 2, 1, 0

뺄셈의 원리 ● 감소

08 차가 같도록 묶기
73쪽

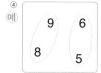

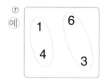
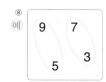

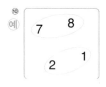
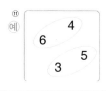

뺄셈의 감각 ● 수의 조작

09 수를 뺄셈식으로 나타내기
74쪽

① 예 3, 1 / 4, 2   ② 예 9, 1 / 8, 0
③ 예 3, 0 / 5, 2   ④ 예 6, 2 / 8, 4
⑤ 예 6, 1 / 8, 3   ⑥ 예 7, 1 / 8, 2
⑦ 예 2, 1 / 4, 3   ⑧ 예 9, 2 / 8, 1
⑨ 예 9, 7 / 8, 6   ⑩ 예 9, 9 / 5, 5

뺄셈의 감각 ● 뺄셈의 다양성

10 +, − 기호 넣기
75쪽

① +, −
② +, −
③ −, +
④ +, −
⑤ +, −
⑥ −, +
⑦ +, −
⑧ +, −
⑨ −, +
⑩ −, +

덧셈과 뺄셈의 감각 ● 증가, 감소

11 양쪽을 같게 만들기
76~77쪽

① 2
② 3
③ 5
④ 1
⑤ 1
⑥ 0
⑦ 2
⑧ 5
⑨ 4
⑩ 5
⑪ 0
⑫ 3
⑬ 5
⑭ 1
⑮ 5
⑯ 4
⑰ 2
⑱ 1
⑲ 1

덧셈과 뺄셈의 성질 ● 등식

4 덧셈과 뺄셈의 관계

덧셈과 뺄셈은 '전체와 부분의 관계'에서 볼 때 서로 연결되어 있습니다. 따라서 세 수로 2개의 덧셈식과 2개의 뺄셈식을 만들어 보는 학습은 덧셈, 뺄셈이 어떻게 연결되는지 잘 이해할 수 있게 할 뿐만 아니라 수 감각 발달에도 도움이 됩니다.

01 세 수로 덧셈, 뺄셈하기
80~82쪽

① 5, 5, 3, 2
② 6, 6, 5, 1
③ 6, 6, 4, 2
④ 7, 7, 3, 4
⑤ 9, 9, 5, 4
⑥ 8, 8, 2, 6
⑦ 9, 9, 1, 8
⑧ 7, 7, 5, 2
⑨ 8, 8, 5, 3
⑩ 4, 4, 1, 3
⑪ 5, 5, 1, 4
⑫ 9, 9, 7, 2
⑬ 5, 5, 2, 3
⑭ 3, 3, 1, 2
⑮ 7, 7, 6, 1
⑯ 9, 9, 6, 3
⑰ 8, 8, 1, 7

덧셈과 뺄셈의 성질

Fact Family
Fact Family란 덧셈과 뺄셈의 관계를 뜻하는 것으로 미국 수학 교육에서 사용하는 표현입니다. 덧셈이나 뺄셈의 결과를 구하는 것만큼이나 덧셈과 뺄셈의 관계를 이해하는 것도 매우 중요하기 때문에 Family라는 구조를 활용하여 학생들이 쉽게 이해할 수 있게 한 것입니다.

$5+7=12$
$7+5=12$
$12-5=7$
$12-7=5$

위와 같이 세 수로 4개의 식을 자유자재로 만들 수 있다면 전체와 부분의 관계를 이해할 수 있을 뿐만 아니라 수 감각도 길러지게 됩니다.

02 답이 맞았는지 확인하기 83~85쪽

① 5, 5, 3   ② 7, 7, 1
③ 9, 9, 3   ④ 8, 8, 5
⑤ 9, 9, 2   ⑥ 6, 6, 5
⑦ 7, 7, 3   ⑧ 6, 6, 4
⑨ 7, 7, 5   ⑩ 8, 8, 2
⑪ 9, 9, 4   ⑫ 5, 5, 1
⑬ 2, 2, 6   ⑭ 2, 2, 7
⑮ 6, 6, 8   ⑯ 8, 8, 9
⑰ 7, 7, 8   ⑱ 7, 7, 9
⑲ 2, 2, 5   ⑳ 1, 1, 9
㉑ 4, 4, 7
㉒ 3, 3, 8

덧셈과 뺄셈의 성질

03 덧셈식을 뺄셈식으로 나타내기 86~89쪽

① 6 / 1, 5   ② 5 / 3, 2
③ 8 / 3, 5   ④ 7 / 6, 1
⑤ 9 / 2, 7   ⑥ 7 / 3, 4
⑦ 8 / 1, 7   ⑧ 9 / 6, 3
⑨ 9 / 4, 5   ⑩ 6 / 2, 4
⑪ 7 / 6, 1   ⑫ 9 / 2, 7
⑬ 9 / 1, 8   ⑭ 7 / 2, 5
⑮ 6 / 1, 5   ⑯ 7 / 3, 4
⑰ 4 / 1, 3   ⑱ 8 / 6, 2
⑲ 6 / 4, 2   ⑳ 3 / 1, 2
㉑ 5 / 2, 3   ㉒ 8 / 5, 3
㉓ 8 / 1, 7   ㉔ 9 / 1, 8
㉕ 3 / 1, 2   ㉖ 7 / 5, 2
㉗ 9 / 4, 5   ㉘ 5 / 1, 4
㉙ 8 / 2, 6   ㉚ 9 / 3, 6
㉛ 6, 3   ㉜ 8, 4

덧셈과 뺄셈의 성질

04 뺄셈식을 덧셈식으로 나타내기 90~93쪽

① 1 / 8, 8
② 4 / 6, 6   ③ 3 / 8, 8
④ 3 / 4, 4   ⑤ 6 / 8, 8
⑥ 6 / 7, 7   ⑦ 2 / 6, 6
⑧ 3 / 5, 5   ⑨ 2 / 3, 3
⑩ 5 / 3, 5   ⑪ 1 / 3, 1
⑫ 2 / 7, 2   ⑬ 6 / 3, 6
⑭ 4 / 3, 4   ⑮ 5 / 2, 5
⑯ 2 / 6, 2   ⑰ 8 / 1, 8
⑱ 4 / 1, 4   ⑲ 1 / 5, 1
⑳ 7 / 8, 8   ㉑ 5 / 9, 9
㉒ 3 / 7, 7   ㉓ 3 / 9, 9
㉔ 1 / 9, 9   ㉕ 1 / 7, 7
㉖ 1 / 2, 1   ㉗ 2 / 3, 2
㉘ 4 / 5, 4   ㉙ 2 / 5, 2
㉚ 7 / 2, 7   ㉛ 5 / 1, 5

덧셈과 뺄셈의 성질

05 빈칸에 알맞은 수 구하기 94~95쪽

① 6 / 1, 6   ② 3 / 2, 3
③ 4 / 1, 4   ④ 2 / 6, 2
⑤ 7 / 8, 7   ⑥ 3 / 4, 3
⑦ 4 / 7, 4   ⑧ 3 / 6, 3
⑨ 6 / 3, 6   ⑩ 5 / 2, 5
⑪ 2 / 6, 2   ⑫ 0 / 6, 0
⑬ 4 / 2, 4   ⑭ 8 / 5, 8
⑮ 8 / 2, 8   ⑯ 9 / 5, 9

덧셈과 뺄셈의 성질

06 세 수로 덧셈식, 뺄셈식 만들기   96~97쪽

① 5, 3, 8 / 3, 5, 8 / 8, 3, 5 / 8, 5, 3
② 4, 2, 6 / 2, 4, 6 / 6, 2, 4 / 6, 4, 2
③ 6, 2, 8 / 2, 6, 8 / 8, 2, 6 / 8, 6, 2
④ 7, 2, 9 / 2, 7, 9 / 9, 2, 7 / 9, 7, 2
⑤ 6, 1, 7 / 1, 6, 7 / 7, 1, 6 / 7, 6, 1
⑥ 3, 1, 4 / 1, 3, 4 / 4, 1, 3 / 4, 3, 1
⑦ 6, 3, 9 / 3, 6, 9 / 9, 3, 6 / 9, 6, 3
⑧ 5, 2, 7 / 2, 5, 7 / 7, 2, 5 / 7, 5, 2
⑨ 7, 1, 8 / 1, 7, 8 / 8, 1, 7 / 8, 7, 1
⑩ 5, 4, 9 / 4, 5, 9 / 9, 4, 5 / 9, 5, 4

덧셈과 뺄셈의 성질

5 10을 가르기하고 모으기하기

10이 되도록 모으기하기는 받아올림이 있는 덧셈의 기초가 되고, 10을 가르기하기는 받아내림이 있는 뺄셈의 기초가 됩니다. 또한 이번 학습에서 익히는 10의 보수는 다양한 방법으로 연산을 할 수 있게 하는 사고력과 수 감각을 발달시켜줍니다. 따라서 학생이 지루하지 않도록 다양한 형태의 문제로 10을 학습할 수 있도록 하였습니다.

01 블록 10개를 가르기하기   100쪽

① 1, 9
② 2, 8
③ 5, 5
④ 7, 3
⑤ 4, 6
⑥ 6, 4
⑦ 3, 7
⑧ 9, 1

수 감각

02 블록이 10개가 되도록 모으기하기   101쪽

① 1
② 2
③ 5
④ 3
⑤ 8
⑥ 6
⑦ 4
⑧ 7

수 감각

03 10을 가르기하기

102~104쪽

① 7	② 9	③ 6
④ 5	⑤ 8	⑥ 1
⑦ 2	⑧ 3	⑨ 4
⑩ 6	⑪ 5	⑫ 7
⑬ 3	⑭ 1	⑮ 2
⑯ 4	⑰ 8	⑱ 7
⑲ 5	⑳ 9	㉑ 7
㉒ 4	㉓ 9	㉔ 5
㉕ 3	㉖ 8	㉗ 4
㉘ 6	㉙ 1	㉚ 5
㉛ 8	㉜ 2	㉝ 7
㉞ 9	㉟ 5	㊱ 1

수 감각

05 세 수로 가르기하기

108~109쪽

① 4	② 3
③ 4	④ 3
⑤ 7	⑥ 3
⑦ 4	⑧ 3
⑨ 2	⑩ 8
⑪ 3	⑫ 1
⑬ 2	⑭ 7
⑮ 1	⑯ 2

수 감각

04 10이 되도록 모으기하기

105~107쪽

① 10	② 10	③ 10
④ 10	⑤ 10	⑥ 10
⑦ 10	⑧ 10	⑨ 10
⑩ 7	⑪ 4	⑫ 2
⑬ 5	⑭ 3	⑮ 1
⑯ 9	⑰ 8	⑱ 7
⑲ 5	⑳ 6	㉑ 3
㉒ 2	㉓ 4	㉔ 1
㉕ 8	㉖ 9	㉗ 6
㉘ 7	㉙ 2	㉚ 5
㉛ 3	㉜ 4	㉝ 9

수 감각

06 세 수를 모으기하기

110~111쪽

① 2	② 3
③ 1	④ 1
⑤ 3	⑥ 1
⑦ 1	⑧ 4
⑨ 2	⑩ 3
⑪ 4	⑫ 2
⑬ 2	⑭ 1
⑮ 7	⑯ 5

수 감각

07 연달아 가르기하고 모으기하기 112~114쪽

(왼쪽에서부터)

① 3, 1

② 2, 6

③ 2, 1

④ 7, 5

⑤ 6, 3

⑥ 9, 6

⑦ 4, 5

⑧ 5, 2

⑨ 7, 1

⑩ 6, 8

⑪ 3, 7

⑫ 1, 4

⑬ 3, 4

⑭ 8, 9

⑮ 4, 3

⑯ 4, 5

⑰ 3, 8

⑱ 6, 1

수 감각

08 여러 가지 방법으로 가르기하거나 모으기하기 115쪽

① 예 1, 9 / 2, 8 / 3, 7 / 4, 6
  5, 5 / 6, 4 / 7, 3 / 8, 2

② 예 1, 9 / 2, 8 / 3, 7 / 4, 6
  5, 5 / 6, 4 / 7, 3 / 8, 2

수 감각

09 모으기해서 10이 되는 수 묶기 116~117쪽

수 감각

6 10의 덧셈과 뺄셈

10의 덧셈과 뺄셈은 앞에서 학습한 10을 가르기하고 모으기한 것을 식으로 나타낸 것입니다. 다양한 형태의 덧셈, 뺄셈 문제로 10의 보수를 완벽히 익혀 받아올림, 받아내림 학습을 준비하고 수 감각을 기를 수 있도록 지도해 주세요.

01 합하면 모두 몇 개가 될까? 120쪽

① 10	② 10	③ 10
④ 4	⑤ 5	⑥ 2
⑦ 4, 6	⑧ 5, 5	⑨ 6, 4
⑩ 3, 7	⑪ 1, 9	⑫ 7, 3

덧셈의 원리 ● 합병

02 몇 개를 더하면 10개가 될까? 121쪽

① ❶ 빈칸에 ○를 그려가며 세어 봐요.

9+ 1 =10
❷ 9에 1을 더해야 10이 돼요.

② ❶ 빈칸에 ○를 몇 개 그려야 하나요?
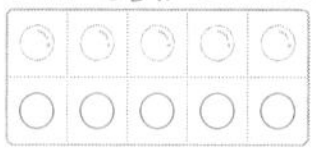
5+ 5 =10
❷ 5에 몇을 더해야 10이 되나요?

③
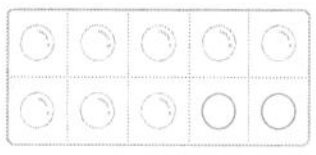
8+ 2 =10

④
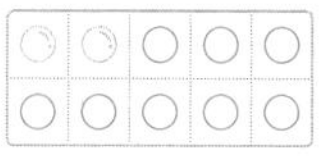
2+ 8 =10

⑤
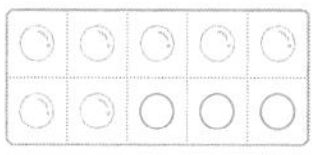
7+ 3 =10

⑥
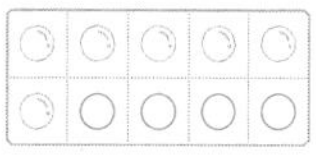
6+ 4 =10

⑦
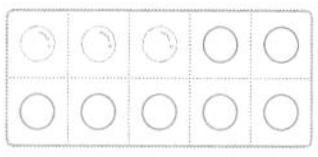
3+ 7 =10

⑧
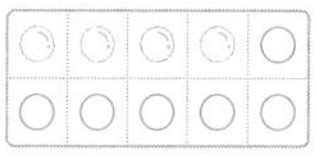
4+ 6 =10

⑨

1+ 9 =10

⑩
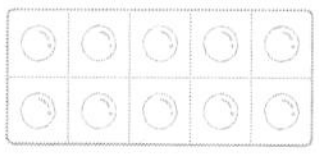
10+ 0 =10

⑪
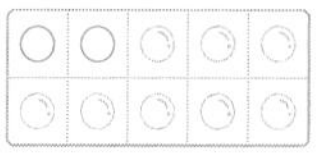
2 +8=10

⑫
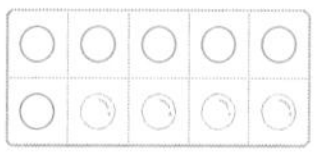
6 +4=10

덧셈의 원리 ● 첨가

03 10이 되는 더하기 122~124쪽

① 10	② 10	③ 10
④ 10	⑤ 10	⑥ 10
⑦ 8	⑧ 5	⑨ 9
⑩ 4	⑪ 6	⑫ 2
⑬ 1	⑭ 10	⑮ 7
⑯ 2	⑰ 0	⑱ 3
⑲ 7	⑳ 9	㉑ 6
㉒ 3	㉓ 5	㉔ 10
㉕ 10	㉖ 10	㉗ 10
㉘ 10	㉙ 10	㉚ 10
㉛ 6	㉜ 3	㉝ 8
㉞ 10	㉟ 0	㊱ 7
㊲ 9	㊳ 5	㊴ 1
㊵ 2	㊶ 4	㊷ 6
㊸ 8	㊹ 7	㊺ 0
㊻ 3	㊼ 1	㊽ 10
㊾ 10	㊿ 10	(51) 10
(52) 10	(53) 10	(54) 10
(55) 0	(56) 2	(57) 10
(58) 5	(59) 9	(60) 4
(61) 3	(62) 6	(63) 1
(64) 2	(65) 6	(66) 4
(67) 7	(68) 8	(69) 5
(70) 3	(71) 9	(72) 1

덧셈의 원리 ● 계산 방법 이해

10의 보수

10의 보수를 익히는 것은 수학 학습 전반에 영향을 줄 수 있는 수 감각의 기초가 됩니다. 이러한 수 · 연산 감각은 계산의 속도를 높여줄 뿐만 아니라 하나의 연산 문제를 다양한 각도에서 생각할 수 있게 하는 힘을 길러 주므로 10의 보수를 바탕으로 100의 보수, 1000의 보수까지 확장하여 생각해 볼 수 있게 해주세요.

04 10 만들기
125~126쪽

① 8, 7, 6, 5　② 10, 9, 8, 7　③ 5, 4, 3, 2
④ 9, 7, 5, 3　⑤ 6, 4, 2, 0　⑥ 10, 7, 4, 1
⑦ 4, 5, 6, 7　⑧ 7, 8, 9, 10　⑨ 5, 6, 7, 8
⑩ 3, 5, 7, 9　⑪ 0, 2, 4, 6　⑫ 0, 3, 6, 9

덧셈의 감각 ● 수의 조작

05 얼마나 남았을까?
127쪽

① 9　　② 8　　③ 4
④ 6　　⑤ 2　　⑥ 7
⑦ 3　　⑧ 5　　⑨ 1

뺄셈의 원리 ● 제거

06 얼마나 더 많을까?
128~129쪽

① 1
② 2
③ 5
④ 6, 4
⑤ 3, 7
⑥ 2, 8
⑦ 7, 3
⑧ 4, 6
⑨ 8, 2
⑩ 1, 9

뺄셈의 원리 ● 차이

07 10에서 빼기
130~132쪽

① 9　　② 3　　③ 5
④ 7　　⑤ 8　　⑥ 0
⑦ 5　　⑧ 10　　⑨ 1
⑩ 3　　⑪ 6　　⑫ 2
⑬ 6　　⑭ 4　　⑮ 0
⑯ 8　　⑰ 2　　⑱ 5
　　　　⑲ 9　　⑳ 3
　　　　㉑ 7　　㉒ 10
㉓ 1　　㉔ 6　　㉕ 3
㉖ 4　　㉗ 9　　㉘ 7
㉙ 0　　㉚ 2　　㉛ 8
㉜ 9　　㉝ 10　　㉞ 5
㉟ 7　　㊱ 8　　㊲ 1
㊳ 6　　㊴ 3　　㊵ 4
㊶ 2　　㊷ 9　　㊸ 8
㊹ 5　　㊺ 0　　㊻ 10
㊼ 0　　㊽ 4　　㊾ 10
㊿ 3　　51 9　　52 6
53 10　　54 1　　55 2
56 5　　57 8　　58 4
59 1　　60 2　　61 9
62 5　　63 7　　64 6
65 8　　66 0　　67 3
68 7　　69 1　　70 6

뺄셈의 원리 ● 계산 방법 이해

08 내가 만드는 뺄셈식 133쪽

①

$10 - \overset{예}{2} = 8$

❶ 샌드위치 2개를 먹으면   ❷ 8개가 남아요.

②

$10 - 5 = 5$

③

$10 - \overset{예}{6} = 4$

④

$10 - \overset{예}{1} = 9$

⑤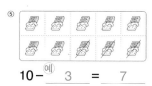

$10 - \overset{예}{3} = 7$

⑥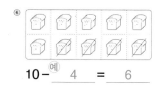

$10 - \overset{예}{4} = 6$

⑦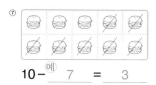

$10 - \overset{예}{7} = 3$

⑧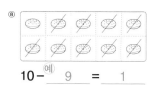

$10 - \overset{예}{9} = 1$

뺄셈의 감각 ● 뺄셈의 다양성

09 세 수로 덧셈, 뺄셈하기 134쪽

① 10, 10, 1, 9
② 10, 10, 2, 8
③ 10, 10, 3, 7
④ 10, 10, 4, 6
⑤ 10, 10, 0, 10
⑥ 10, 5

덧셈과 뺄셈의 성질 ● 덧셈과 뺄셈의 관계

10 처음 수가 되는 계산 135쪽

(위에서부터)

① 10, 10, 5
② 10, 10, 8
③ 10, 10, 3
④ 10, 10, 9
⑤ 10, 10, 6
⑥ 10, 10, 0

덧셈과 뺄셈의 성질 ● 덧셈과 뺄셈의 관계

7 연이은 덧셈, 뺄셈

세 수의 덧셈, 세 수의 뺄셈, 덧셈과 뺄셈이 섞여 있는 세 수의 계산은 앞에서부터 두 수씩 차례로 계산하도록 합니다. 세 수의 계산은 한 자리 수의 덧셈과 뺄셈을 응용하는 단계이므로 덧셈과 뺄셈에서 부족한 부분이 있으면 복습으로 보완해 주세요.

01 이어서 계산하기
138~141쪽

(위에서부터)

① 5, 5, 9   ② 4, 4, 7
③ 5, 5, 6   ④ 8, 8, 10
⑤ 5, 5, 8   ⑥ 7, 7, 9
⑦ 6, 6, 5   ⑧ 6, 6, 4
⑨ 7, 7, 5   ⑩ 6, 6, 4
⑪ 9, 9, 6   ⑫ 7, 7, 2
⑬ 3, 3, 5   ⑭ 6, 6, 9
⑮ 1, 1, 2   ⑯ 3, 3, 4
⑰ 2, 2, 6   ⑱ 5, 5, 7
⑲ 7, 7, 2   ⑳ 3, 3, 2
㉑ 2, 2, 0   ㉒ 5, 5, 5
㉓ 6, 6, 1   ㉔ 5, 5, 3

덧셈과 뺄셈의 원리 ● 계산 방법 이해

02 순서대로 계산하기
142~145쪽

(왼쪽에서부터)

① 2, 6, 6   ② 4, 6, 6
③ 5, 9, 9   ④ 8, 10, 10
⑤ 7, 8, 8   ⑥ 7, 8, 8
⑦ 6, 9, 9   ⑧ 4, 7, 7
⑨ 4, 0, 0   ⑩ 9, 8, 8
⑪ 7, 5, 5   ⑫ 7, 5, 5
⑬ 6, 3, 3   ⑭ 8, 4, 4
⑮ 7, 3, 3   ⑯ 9, 2, 2
⑰ 5, 8, 8

⑱ 5, 8, 8   ⑲ 4, 7, 7
⑳ 3, 5, 5   ㉑ 4, 5, 5
㉒ 3, 5, 5   ㉓ 5, 8, 8
㉔ 2, 1, 1   ㉕ 6, 5, 5
㉖ 4, 2, 2   ㉗ 8, 4, 4
㉘ 3, 0, 0   ㉙ 5, 3, 3
㉚ 8, 2, 2   ㉛ 2, 1, 1

덧셈과 뺄셈의 원리 ● 계산 방법 이해

03 가로셈
146~149쪽

① 7   ② 6
③ 3   ④ 9
⑤ 4   ⑥ 10
⑦ 9   ⑧ 10
⑨ 7   ⑩ 9
⑪ 7   ⑫ 10
⑬ 8   ⑭ 5
⑮ 9   ⑯ 1
⑰ 6   ⑱ 8
⑲ 3   ⑳ 3
㉑ 7   ㉒ 6
㉓ 2   ㉔ 3
㉕ 2   ㉖ 8
㉗ 10   ㉘ 7
㉙ 6   ㉚ 9
㉛ 10   ㉜ 6
㉝ 5   ㉞ 1
㉟ 9   ㊱ 0
㊲ 1   ㊳ 5
㊴ 1   ㊵ 3
㊶ 2   ㊷ 2
㊸ 2   ㊹ 9
㊺ 1   ㊻ 0
㊼ 2   ㊽ 2

덧셈과 뺄셈의 원리 ● 계산 방법 이해

04 다르면서 같은 계산
150~153쪽

① 8, 8, 8	② 6, 6, 6
③ 9, 9, 9	④ 10, 10, 10
⑤ 8, 8, 8	⑥ 7, 7, 7
⑦ 5, 5, 5	⑧ 3, 3, 3
⑨ 6, 6, 6	⑩ 0, 0, 0
⑪ 6, 6, 6	⑫ 3, 3, 3
⑬ 6, 6, 6	⑭ 6, 6, 6
⑮ 5, 5, 5	⑯ 7, 7, 7
⑰ 8, 8, 8	⑱ 9, 9, 9
⑲ 2, 2, 2	⑳ 4, 4, 4
㉑ 2, 2, 2	㉒ 2, 2, 2
㉓ 1, 1, 1	㉔ 3, 3, 3

덧셈과 뺄셈의 원리 ● 계산 원리 이해

05 기호를 바꾸어 계산하기
154~155쪽

① 7, 5, 1	② 6, 4, 0
③ 10, 6, 4	④ 8, 2, 0
⑤ 9, 5, 3	⑥ 10, 8, 6
⑦ 9, 9, 7	⑧ 6, 4, 0
⑨ 1, 5, 9	⑩ 1, 5, 7
⑪ 4, 10, 10	⑫ 2, 6, 10
⑬ 0, 8, 10	⑭ 2, 4, 8
⑮ 2, 6, 8	⑯ 2, 4, 10

덧셈과 뺄셈의 원리 ● 계산 원리 이해

06 알맞은 탑에 색칠하기
156쪽

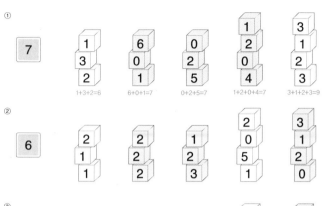

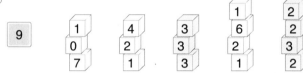

덧셈의 감각 ● 덧셈의 다양성

07 수를 정하여 식 완성하기
157쪽

① 예 2, 2	② 예 3, 2
③ 예 1, 4	④ 예 2, 3
⑤ 예 5, 2	⑥ 예 1, 2
⑦ 예 2, 2	⑧ 예 3, 1
⑨ 예 2, 5	⑩ 예 1, 5
⑪ 예 4, 2	⑫ 예 8, 1
⑬ 예 7, 2	⑭ 예 5, 4

덧셈과 뺄셈의 감각 ● 수의 조작

고등 입학 전 완성하는 독해 과정 전반의 심화 학습!
디딤돌 생각독해 Ⅰ~Ⅴ

· 생각의 확장과 통합을 위한 '빅 아이디어(대주제)' 선정 및 수록
· 대주제 별 다양한 영역의 생각 읽기 및 생각의 구조화 학습

수능국어 실전대비 독해 학습의 완성!
디딤돌 수능독해 Ⅰ~Ⅲ

· 글쓴이의 작문 과정을 추론하며 생각을 읽어내는 구조 학습
· 출제자의 의도를 파악하고 예측하는 기출 속 이슈 및 특별 부록

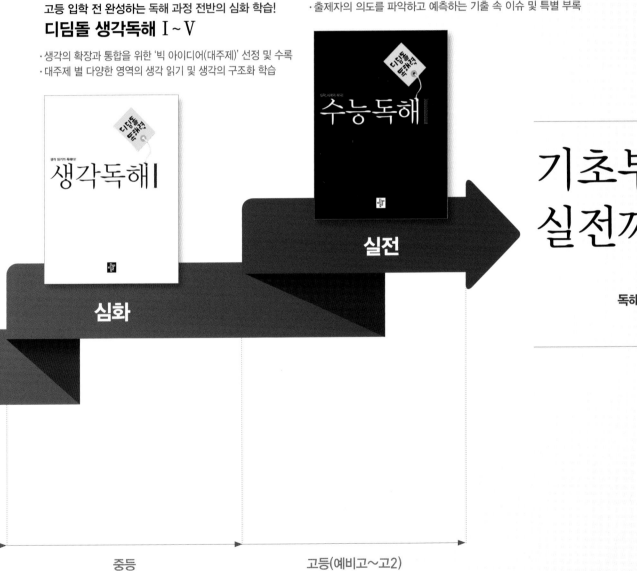

기초부터
실전까지

독해는 디딤돌

한걸음 한걸음 디딤돌을 걷다 보면
수학이 완성됩니다.

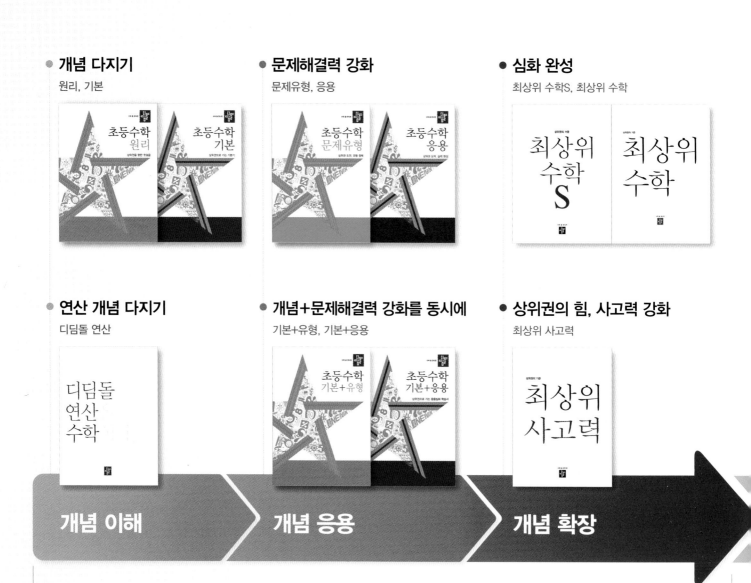

- **개념 다지기**
  원리, 기본

- **문제해결력 강화**
  문제유형, 응용

- **심화 완성**
  최상위 수학S, 최상위 수학

- **연산 개념 다지기**
  디딤돌 연산

- **개념+문제해결력 강화를 동시에**
  기본+유형, 기본+응용

- **상위권의 힘, 사고력 강화**
  최상위 사고력

개념 이해   **개념 응용**   **개념 확장**

학습 능력과 목표에 따라
맞춤형이 가능한 디딤돌 초등 수학